FICHES 2de

Physique-chimie

SECONDE

Patrice Brossard
Professeur de sciences physiques

HATIER

Conception maquette : Anne Gallet
Mise en pages et schémas : Soft Office
Édition : Béatrice Jovial-Vernet

SOMMAIRE

Chimie

Chimique ou naturel ?

1 Les espèces chimiques 5
2 Techniques d'extraction 7
3 La chromatographie 9
4 Synthèse des espèces chimiques 11

Constitution de la matière

5 Un modèle de l'atome 13
6 Les éléments chimiques 15
7 Le cortège électronique 17
8 Schéma de Lewis des molécules 19
9 Géométrie des molécules 21
10 Classification des éléments 23
11 Utilisation de la classification 25

Transformation de la matière

12 Quantités de matière 27
13 Concentration d'une solution 29
14 La réaction chimique 31
15 Bilan de matière 33

Physique

Exploration de l'espace

16 De l'atome aux galaxies 35
17 Mesure des longueurs 37
18 Mesure des longueurs par visée 39
19 Les longueurs astronomiques 41
20 Un système dispersif : le prisme 43
21 Les spectres d'émission 45
22 Les spectres d'absorption 47
23 Application à l'astrophysique 49

L'Univers en mouvement et le temps

24 Relativité du mouvement 51
25 Les forces 53
26 Le principe d'inertie 55
27 L'interaction gravitationnelle 57
28 La pesanteur et le poids 59
29 Mouvements autour de la Terre 61
30 Mesure du temps et astronomie 63
31 Mesure du temps et horloges 65

L'air qui nous entoure

32 Description de l'état gazeux 67
33 Notion de pression 69
34 Notion de température 71
35 Equation d'état du gaz parfait 73

Annexes

36 Écrire une valeur numérique 75
37 Au laboratoire 77
38 Savoir-faire en chimie 79
39 Données astronomiques 81

Corrigés

Fiches 1 à 15 83-88
Fiches 16 à 35 89-96

Dépliant

Puissances de 10, ordre de grandeur
Grandeurs et unités
Valeurs numériques utiles
Étude d'un mouvement
Classification périodique des éléments chimiques
Aide-mémoire de chimie
Aide-mémoire de physique

1 LES ESPÈCES CHIMIQUES

Rappel de cours

Chimique ou naturel ?

Tous les objets qui nous entourent sont constitués d'espèces chimiques d'origine naturelle ou synthétique.

• Les espèces chimiques **naturelles**, comme le fer ou le sel, existent telles quelles dans la nature.

• Les espèces chimiques **synthétiques** sont fabriquées par l'homme grâce à des transformations chimiques. Certaines espèces synthétiques comme l'éthanol ou l'indigo existent à l'état naturel. Mais la synthèse permet aussi de fabriquer des espèces **artificielles** comme le paracétamol ou le nylon qui n'existent pas dans la nature.

Comment caractériser une espèce chimique ?

Une espèce chimique est identifiée par ses caractéristiques physiques.

• **Les températures de changement d'état θ** sont la température de **fusion**, température à laquelle l'espèce passe de l'état solide à l'état liquide, et la température d'**ébullition** qui correspond au passage de l'état liquide à l'état gazeux.

Exemple :

Pour l'eau, $\theta_{\text{fusion}} = 0\ °\text{C}$ et $\theta_{\text{ébullition}} = 100\ °\text{C}$.

• **La masse volumique ρ** est le quotient de la masse m d'un échantillon par le volume correspondant V :

$$\rho = \frac{m}{V}$$

Si m est en g et V en cm^3, alors ρ est en g/cm^3.
Si m est en kg et V en m^3, alors ρ est en kg/m^3.

Exemple : Un volume de $100\ \text{cm}^3$ de cyclohexane a une masse de 78 g, donc $\rho_{\text{cyclohexane}} = \frac{78}{100} = 0{,}78\ \text{g/cm}^3$.

• **La densité d** d'un solide ou d'un liquide par rapport à l'eau est le quotient de sa masse volumique ρ par la masse volumique de l'eau $\rho_{\text{eau}} = 1{,}00\ \text{g/cm}^3$.

$$d = \frac{\rho}{\rho_{\text{eau}}}$$

d est sans unité.

Exemple : $d_{\text{cyclohexane}} = \frac{\rho_{\text{cyclohexane}}}{\rho_{\text{eau}}} = \frac{0{,}78}{1{,}00} = 0{,}78$.

• **L'indice de réfraction n** caractérise une substance transparente : il mesure son aptitude à dévier la lumière par réfraction (▶ Fiche 20).

Exemples : $n_{\text{eau}} = 1{,}33$; $n_{\text{cyclohexane}} = 1{,}43$.

Méthode

Distinguer les espèces chimiques

Parmi les espèces chimiques suivantes, identifier celles qui sont naturelles et celles qui sont synthétiques :
l'or, l'aspirine, le caoutchouc, l'aspartame (édulcorant).

Solution : Naturels car présents dans la nature, l'or (minerai) et le caoutchouc (hévéa).
Synthétiques car fabriqués par l'homme, l'aspirine et l'aspartame.

Lire l'étiquette d'un flacon

Cette étiquette donne quelques informations sur le cyclohexane.

a. Retrouver la formule de l'espèce, ses températures de changement d'état et sa densité.

b. Quel est son état physique à 20 °C ?

c. À l'aide du dépliant, rappeler la signification des pictogrammes de risque.

CYCLOHEXANE

F Xn N

C_6H_{12}
M = 84,16 g/mol R : 11
P.éb : 80,7 °C S : 2-9-16-33
P.F. : 6 °C D 0,78
Pt Eclair : – 18 °C
n 1,426

Solution :

a. Formule : C_6H_{12}, $\theta_{éb}$(P.éb) = 80,7 °C, θ_{fusion}(P.F.) = 6 °C et *d*(D) = 0,78.

b. À 20 °C, le cyclohexane est liquide car $\theta_{fusion} < 20\ °C < \theta_{ébullition}$.

c. Les pictogrammes signifient que le cyclohexane est inflammable (**F**), nocif (**Xn**) et dangereux pour l'environnement (**N**).

Application

Caractéristiques de deux solvants non miscibles à l'eau :

Nom	θ_{fusion}	$\theta_{ébullition}$	*d*
Éther diéthylique	– 116 °C	34 °C	0,71
Dichlorométhane	– 95 °C	40 °C	1,32

a. Quel est l'état physique de ces solvants à 0 °C ?

b. Déterminer la masse d'un litre de chacun.

c. Si l'on mélange ces solvants à de l'eau, seront-ils au-dessus ou en dessous de la phase aqueuse ?

Rappel de cours

La chromatographie est une technique de séparation et d'identification des espèces chimiques présentes dans un mélange par comparaison à des espèces chimiques connues et placées dans les mêmes conditions.

Réalisation d'une chromatographie

Une goutte d'échantillon E à analyser est déposée sur un support solide appelé « **phase fixe** » (un papier ou une plaque de silice). Des espèces chimiques A et B connues sont placées sur la même ligne de dépôt et dans les mêmes conditions pour comparaison. Le support solide est ensuite placé dans une cuve contenant un mélange liquide de solvants appelé **éluant** ou « **phase mobile** ».

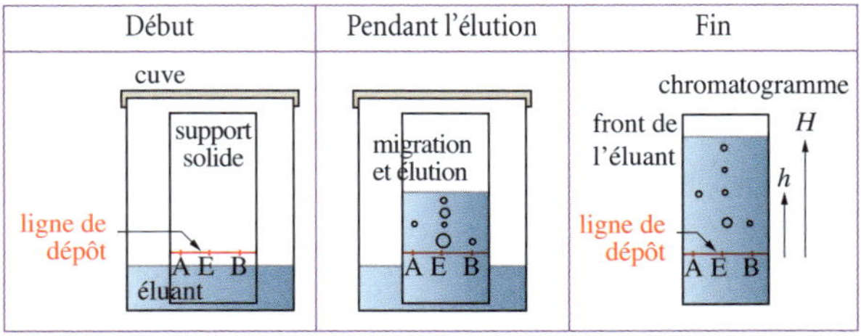

Au cours de l'élution, l'éluant migre vers le haut par capillarité sur la phase fixe, il entraîne avec lui les constituants du mélange à analyser. Les espèces chimiques se séparent en migrant plus ou moins loin suivant leur solubilité dans l'éluant utilisé.

Exploitation d'une chromatographie

• L'identification des espèces chimiques présentes dans le mélange analysé se fait par comparaison avec les espèces connues : une espèce déposée seule ou dans un mélange migre de la même manière et les taches obtenues sont à la même hauteur, A et B sont présentes dans le mélange E (ci-dessus).

• Le **rapport frontal** R_f d'une espèce est le rapport de la distance h parcourue par l'espèce sur la distance H parcourue par le solvant en fin de chromatographie.

$$R_f = \frac{h}{H}$$

R_f est sans unité, compris entre 0 et 1.

Méthode

Exploiter une chromatographie

À l'issue de l'hydrodistillation de la lavande (▶ Fiche 2), on réalise une chromatographie. Quatre dépôts sont placés sur une plaque de silice :
L : linalol pur de synthèse
A : acétate de linalyle pur de synthèse
M : menthol pur commercial
E : huile essentielle extraite de lavande naturelle.
Après révélation, on obtient le chromatogramme ci-contre.

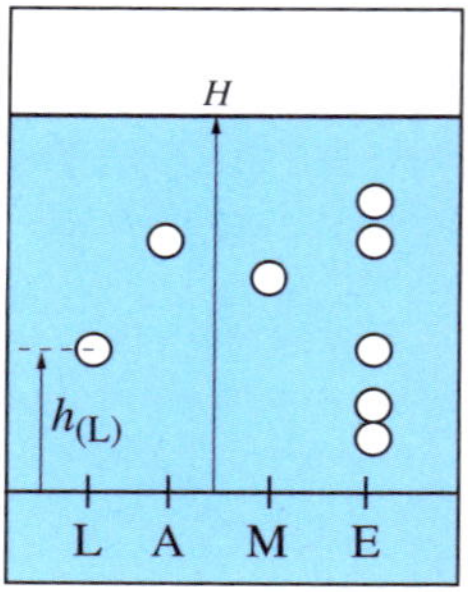

a. Quel est le nombre de constituants de l'huile essentielle ?

b. Quels sont ceux que l'on peut identifier ?

c. Calculer le rapport frontal du linalol.

Solution :

a. Le chromatogramme fait apparaître cinq taches au-dessus du dépôt E. L'huile est donc un mélange d'au moins cinq espèces chimiques.

b. Deux taches dues à l'huile (E) sont à la même hauteur que celles dues au linalol et à l'acétate de linalyle. On peut en déduire que l'huile contient ces espèces.

c. En mesurant les déplacements $h_{(L)}$ et H ci-dessus, on calcule le rapport frontal du linalol :

$$R_{f\,(\text{linalol})} = \frac{h_{(L)}}{H} = \frac{9}{25} = 0,36\,.$$

Application

Les colorants extraits d'un sirop de menthe sont identifiés par chromatograhie. Quatre dépôts ont été réalisés sur la plaque, le sirop S et trois espèces chimiques connues B : bleu patenté, J : jaune orangé, T : jaune tartrazine.

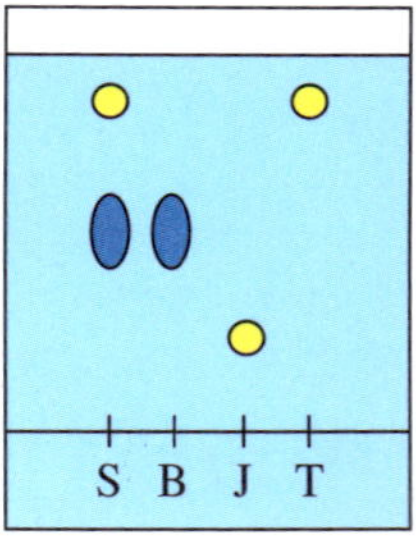

a. Nommer les colorants présents dans le sirop.

b. Calculer le rapport frontal du bleu.

Rappel de cours

Nécessité de la chimie de synthèse

L'insuffisance des produits naturels et les besoins en produits spécifiques dans les domaines de la santé, de l'alimentation ou de la vie quotidienne imposent le recours à la synthèse chimique.
La chimie de synthèse permet la fabrication d'une grande variété de substances souvent mieux adaptées, plus performantes et moins chères que les substances naturelles.

Définition d'une synthèse chimique

Une synthèse chimique est une **transformation** au cours de laquelle des espèces chimiques appelées « **réactifs** » se transforment pour en former de nouvelles appelées « **produits** » (▶ Fiche 14) sous des conditions expérimentales précises (température, pression, quantités des réactifs…).

RÉACTIFS ⟶ PRODUITS

Le produit fabriqué doit être extrait du milieu réactionnel et purifié pour être isolé.

Un dispositif classique : le chauffage à reflux

Ce montage permet de chauffer les réactifs pour accélérer la transformation. Le réfrigérant à eau condense les vapeurs produites afin d'éviter les pertes.
Les produits se forment au sein du mélange réactionnel.

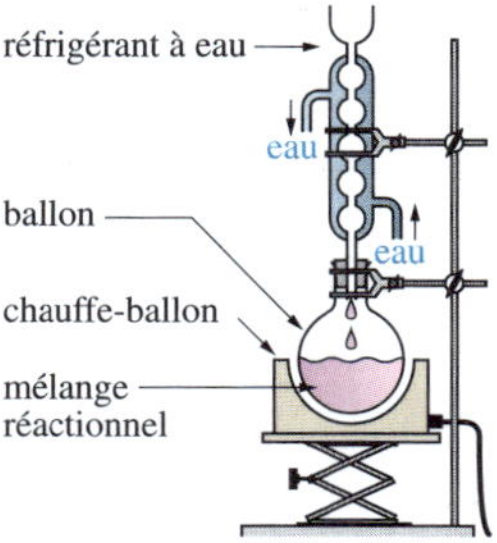

Les secteurs de la chimie industrielle

• **La chimie lourde :** à partir de matières premières facilement accessibles (air, eau, pétrole, minerais…), fabrication en grande quantité de produits peu coûteux.

Exemples : Les matières plastiques, les métaux…

• **La chimie fine :** à partir d'espèces naturelles ou de produits de la chimie lourde, élaboration en faible quantité de substances complexes, parfois coûteuses et à haute valeur ajoutée.

Exemples : Médicaments, cosmétiques, colorants…

Méthode

Analyser une transformation chimique de synthèse

Le salicylate de méthyle (ou essence de Wintergreen) est un liquide incolore et odorant. Il est produit par action de l'acide salicylique sur le méthanol, réaction donnant aussi de l'eau.
Écrire symboliquement la transformation : Réactifs ⟶ Produits.

Solution :

acide salicylique + méthanol ⟶ salicylate de méthyle + eau.

Comparer deux dispositifs

a. Nommer les montages schématisés ci-contre.

b. Dans les deux cas, où se fait l'entrée de l'eau de refroidissement ?

c. Identifier les éléments communs aux deux montages et les nommer.

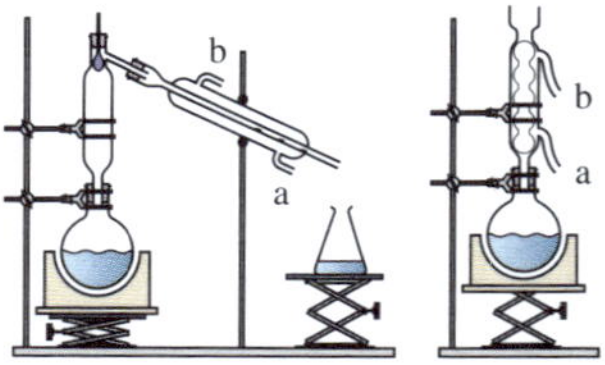

montage 1 **montage 2**

Solution :

a. Le montage **1** est celui d'une hydrodistillation et le montage **2** est celui d'un chauffage à reflux.

b. L'eau de refroidissement doit circuler du bas vers le haut dans le réfrigérant et doit donc entrer par **a** et sortir par **b**.

c. Les éléments communs sont le chauffe-ballon et le ballon.
Il y a deux réfrigérants mais ils sont différents, en **1** : réfrigérant droit et en **2** : réfrigérant à boules.

Application

Vrai ou faux ?

a. Une synthèse est une transformation physique de la matière.

b. Au cours d'une synthèse chimique, les réactifs disparaissent pour former des produits nouveaux.

c. Le chauffage à reflux permet de condenser les vapeurs du mélange réactionnel porté à ébullition.

d. Pour accélérer une synthèse chimique, on peut refroidir le milieu réactionnel.

e. Une espèce chimique synthétique n'a jamais les mêmes propriétés que l'espèce chimique naturelle correspondante.

5 UN MODÈLE DE L'ATOME

Rappel de cours

Structure de l'atome

L'atome est constitué d'un **noyau central entouré d'électrons** en mouvement. Le diamètre du noyau est de l'ordre de 10^{-15} m alors que celui de l'atome est de l'ordre de 10^{-10} m : le noyau est donc environ 100 000 fois plus petit que l'atome. L'espace occupé par les particules est très faible devant le vide qui les sépare : l'atome a une structure **lacunaire**.

• **Les électrons du cortège électronique** sont des particules de masse $m(e) = 9{,}11 \times 10^{-31}$ kg portant une charge électrique négative $q(e) = -1{,}6 \times 10^{-19}$ C (C pour Coulomb, unité de charge électrique).

• Le **noyau** est formé de **nucléons** : les **protons** et les **neutrons**.

Ces nucléons ont des masses peu différentes :

$$m(p) \approx m(n) \approx 1{,}67 \times 10^{-27} \text{ kg.}$$

Les neutrons sont électriquement neutres mais les protons portent une charge électrique positive $q(p) = \mathbf{+1{,}6 \times 10^{-19}}$ **C**.

Cette charge est la charge électrique élémentaire notée *e*.

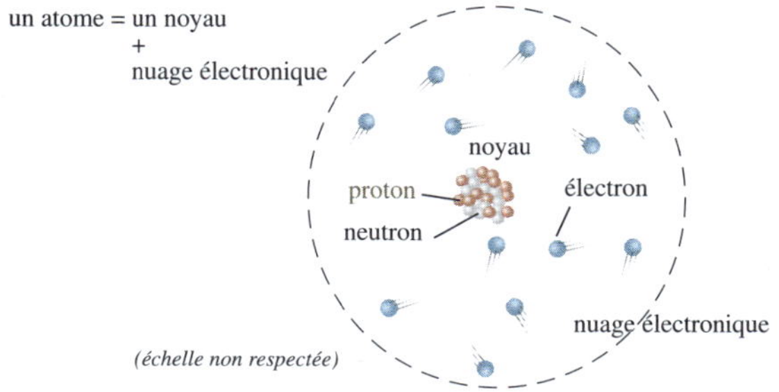

(échelle non respectée)

Un atome est électriquement neutre

L'atome contient autant d'électrons dans son cortège électronique que de protons dans son noyau.

Représentation

Le **numéro atomique** (ou nombre de charge) noté ***Z*** est le nombre de protons dans le noyau. Le **nombre de nucléons** est noté ***A*** (le noyau possède alors $(A - Z)$ neutrons).

Le **symbole du noyau** de symbole chimique X est noté ${}^{A}_{Z}X$.

Méthode

Connaître et utiliser le symbole $^A_Z X$

Détailler la composition d'un atome dont le noyau est symbolisé par $^{27}_{13}\text{Al}$.

Solution : Al est le symbole de l'aluminium. Son noyau contient 27 nucléons, soit 13 protons et 27 – 13 = 14 neutrons. L'atome est neutre, il possède donc également 13 électrons dans son cortège électronique.

Comparer les masses d'un électron et d'un nucléon

Solution : Pour comparer ces masses, on calcule le rapport $\frac{m_n}{m_e}$:

$$\frac{m_n}{m_e} = \frac{1,67 \times 10^{-27}}{9,11 \times 10^{-31}} = 1\ 840.$$

Le proton et le neutron sont 1 840 fois plus lourds que l'électron. La masse d'un atome est donc concentrée dans son noyau.

Calculer la masse d'un atome

Pour un atome possédant Z protons, $(A - Z)$ neutrons et Z électrons,
$m_{(\text{atome})} = Z \times m(p) + (A - Z) \times m(n) + Z \times m(e)$.
Quelle est la masse d'un atome d'aluminium ?

Solution : La masse d'un atome d'aluminium de noyau $^{27}_{13}\text{Al}$ est

$$m_{(\text{atome Al})} = \underbrace{13 \quad m(p) + 14 \quad m(n)}_{m_{(\text{noyau Al})} = 4,51 \quad 10^{-26}\ \text{kg}} + \underbrace{13 \quad m(e).}_{m_{(\text{nuage Al})} = 1,18 \quad 10^{-29}\ \text{kg}}$$

La masse d'un atome est peu différente de celle de son noyau.
$m_{(\text{atome Al})} = (13 + 14) \times m_{(\text{nucléon})} = 27 \times m_{(\text{nucléon})} = 4,51 \times 10^{-26}$ kg.
Pour calculer la masse d'un atome, il suffit donc de faire :

$$m_{(\text{atome})} = \text{nombre de nucléons} \times \text{masse d'un nucléon} = \text{A} \times m_{(\text{nucléon})}.$$

Application

1 L'atome de sodium (Na) a un numéro atomique $Z = 11$ et un nombre de nucléons $A = 23$.

a. Écrire le symbole de son noyau.
b. Détailler la composition de ce noyau.
c. Combien d'électrons possède cet atome ?
d. Calculer la masse de cet atome.

2 Calculer le nombre d'atomes présents dans une feuille d'aluminium de 27,0 g si $m_{(\text{atome Al})} = 4,51 \times 10^{-26}$ kg.

6 LES ÉLÉMENTS CHIMIQUES

Rappel de cours

Isotopes

Deux atomes sont isotopes s'ils possèdent le même numéro atomique Z (même nombre de protons) mais un nombre de nucléons A différent (nombre de neutrons différent).

Exemple : Les atomes dont les noyaux sont $^{63}_{29}Cu$ et $^{65}_{29}Cu$ sont deux isotopes du cuivre.

Ions monoatomiques

Un atome peut perdre ou gagner un ou plusieurs électrons, il forme alors un ion monoatomique.

Exemples :

- Cu^{2+} est un atome de cuivre ($Z = 29$) ayant perdu 2 électrons, il possède donc 29 protons et 27 électrons, soit une charge totale égale à « $+2e$ », notée « 2+ ».
- $C\ell^{-}$ est un atome de chlore ayant gagné un électron, sa charge totale est donc égale à « $-e$ », notée « – ».

Éléments chimiques

L'ensemble des atomes et des ions ayant le même numéro atomique Z définit un élément chimique.

Exemples : Les atomes du métal fer, Fe, les ions fer, Fe^{2+} et Fe^{3+}, appartiennent tous au même élément chimique : le fer, caractérisé par le numéro atomique $Z = 26$ et symbolisé par « Fe ».

Une centaine d'éléments chimiques sont connus à ce jour : chaque élément a un symbole chimique (provenant souvent de son nom).

Exemples (voir le dépliant) :

Nom	hydrogène	hélium	carbone	azote	oxygène	fluor	magnésium
Numéro atomique	1	2	6	7	8	9	12
Symbole	H	He	C	N	O	F	Mg

Conservation des éléments chimiques

Les noyaux des atomes n'étant pas modifiés lors d'une transformation chimique, les éléments présents initialement se retrouvent en fin de transformation : les éléments chimiques se conservent.

Méthode

Connaître le symbole de quelques éléments

En utilisant la classification des éléments (▶ **dépliant**) associer leur symbole aux éléments suivants : lithium, bore, néon, sodium, aluminium, silicium, phosphore, soufre, chlore et argon.

Les symboles sont à choisir parmi : B, Cℓ, Ar, Si, Na, S, Li, P, Ne, Al.

Solution :

lithium	bore	néon	sodium	aluminium	silicium	phosphore	soufre	chlore	argon
Li	B	Ne	Na	Al	Si	P	S	Cℓ	Ar

Caractériser l'élément chimique par son numéro atomique

Reconnaître dans la liste suivante les symboles associés au même élément chimique : ${}^{17}_{8}X$, ${}^{19}_{9}X$, ${}^{18}_{8}X$, ${}^{16}_{8}X$, ${}^{14}_{7}X$, ${}^{15}_{7}X$.

Nommer les éléments à l'aide du tableau du **Rappel de cours**.

Solution : Le numéro atomique Z (${}^{A}_{Z}X$) caractérise l'élément chimique :

- $Z = 7$, élément azote, deux isotopes : ${}^{14}_{7}N$ et ${}^{15}_{7}N$,
- $Z = 8$, élément oxygène, trois isotopes : ${}^{17}_{8}O$, ${}^{18}_{8}O$ et ${}^{16}_{8}O$,
- $Z = 9$, élément fluor : un seul isotope : ${}^{19}_{9}F$.

Reconnaître la conservation d'un élément chimique

Le diazote (N_2) est utilisé pour obtenir l'ammoniac (NH_3) qui est une matière première des synthèses du nitrate d'ammonium (NH_4NO_3) et de l'acide nitrique (HNO_3).

Quel élément commun à ces espèces est conservé au cours de ces transformations ?

Quels sont les autres éléments présents dans les espèces citées ?

Solution : L'élément commun apparaît dans les formules par la lettre « N » qui désigne l'élément « azote ».

Les lettres H et O désignent les éléments hydrogène et oxygène.

Application

1 On considère les atomes suivants caractérisés par le couple (Z, A) : (6, 12) ; (6, 14) ; (7, 15) ; (6, 13) ; (7, 14).

a. Combien d'éléments sont représentés ici ?

b. Utiliser le tableau du **Rappel du cours** pour les nommer.

2 L'atome d'oxygène peut gagner deux électrons pour former l'ion oxyde.

a. Donner la formule de cet ion.

b. Détailler la composition de l'ion de noyau ${}^{16}_{8}O$.

7 LE CORTÈGE ÉLECTRONIQUE

Rappel de cours

Structure électronique d'un atome

• Dans un atome, tous les électrons ne sont pas également liés. Les électrons gravitant autour du noyau sont répartis sur différentes **couches électroniques** appelées **K, L, M**, etc.

> La répartition des électrons sur les couches obéit à deux principes :
> – les électrons occupent d'abord la première couche notée K, puis successivement les couches L, M, etc. ;
> – chaque couche ne peut contenir qu'un nombre limité d'électrons : 2 sur K, 8 sur L et 18 sur M.

La dernière couche occupée est appelée **couche externe**.
Lorsqu'une couche est complète, on dit qu'elle est **saturée**.

• Pour représenter la structure électronique d'un atome ou d'un ion, on indique le nombre d'électrons présents sur chaque couche.

Exemples : L'atome d'oxygène, O, possède 8 électrons : $(K)^2(L)^6$.
L'ion chlorure, $C\ell^-$, possède 18 électrons : $(K)^2(L)^8(M)^8$.

Stabilité des gaz nobles

Les atomes des gaz nobles : hélium, He ($Z = 2$), néon, Ne ($Z = 10$) et argon, Ar ($Z = 18$), sont très stables. Leurs structures électroniques sont He : $(K)^2$; Ne : $(K)^2(L)^8$ et Ar : $(K)^2(L)^8(M)^8$.
Ils possèdent 2 ou 8 électrons sur leur couche externe.

Règles du duet et de l'octet

> Au cours des transformations, les atomes ont tendance à acquérir la même structure électronique que celle d'un gaz noble.
> Ils satisfont alors la règle du duet ou celle de l'octet s'ils acquièrent respectivement 2 ou 8 électrons sur leur couche externe.

Application aux ions monoatomiques

Les atomes peuvent perdre ou gagner des électrons pour satisfaire les règles précédentes.

Exemples : • L'atome de lithium ($Z = 3$) Li : $(K)^2(L)^1$, perd un électron pour former l'ion lithium Li^+ $(K)^2$ (règle du duet).

• L'atome de chlore ($Z = 17$) $C\ell$: $(K)^2(L)^8(M)^7$, gagne un électron pour former l'ion chlorure $C\ell^-$ $(K)^2(L)^8(M)^8$ (règle de l'octet).

Méthode

Déterminer une structure électronique

Quelles sont les structures électroniques de l'atome de carbone C et de l'ion oxyde O^{2-} ?

Données : numéros atomiques $Z(C) = 6$, $Z(O) = 8$.

Solution : Il faut connaître le nombre d'électrons présents dans chaque entité. Pour un atome neutre, il est égal au numéro atomique Z. Pour un ion chargé, il faut tenir compte de sa charge.

• Pour l'atome de carbone, $Z = 6$ donc il y a 6 électrons dans le cortège électronique : 2 sur la couche K qui est alors saturée et 4 sur la couche L, la structure est alors notée $(K)^2(L)^4$.

• L'ion oxyde O^{2-} est un atome d'oxygène O ($Z = 8$) qui a gagné 2 électrons, il en possède donc $8 + 2 = 10$, et sa structure est notée $(K)^2(L)^8$.

Dénombrer les électrons de la couche externe

Combien d'électrons occupent la couche externe (dernière couche occupée) de C et O^{2-} ?

Solution : L'atome de carbone possède 4 électrons sur la couche externe L et l'ion oxyde possède 8 électrons sur la couche L.

Appliquer la règle du duet ou de l'octet aux ions

L'atome de sodium Na ($Z = 11$) forme un ion monoatomique. Quel est le gaz noble le plus proche de lui ? En déduire la formule de l'ion formé par le sodium.

Solution : Le gaz noble le plus proche est le néon dont le numéro atomique est $Z = 10$. La structure électronique du sodium étant $(K)^2(L)^8(M)^1$, pour ressembler au néon, il a tendance à perdre un électron pour donner l'ion Na^+ dont la structure électronique est $(K)^2(L)^8$ identique à celle du néon.

Application

a. Déterminer les structures électroniques des atomes de béryllium Be ($Z = 4$) et de soufre S ($Z = 16$).

b. Ces atomes forment les ions béryllium Be^{2+} et sulfure S^{2-}. Justifier l'existence de ces ions en appliquant les règles du duet ou de l'octet.

8 SCHÉMA DE LEWIS DES MOLÉCULES

Rappel de cours

Application des règles du duet et de l'octet

Pour satisfaire les règles du duet et de l'octet, les atomes forment des ions monoatomiques (▶ Fiche 7) mais ils peuvent aussi se regrouper pour former des **molécules**.

Exemples : La molécule de dihydrogène H_2 est formée de 2 atomes. Ces atomes possèdent chacun un électron. Ils mettent en commun ces 2 électrons et satisfont ainsi la règle du duet.

La molécule de dichlore $C\ell_2$ est formée de 2 atomes possédant 7 électrons sur le niveau externe. En mettant en commun 2 électrons, ils en possèdent alors 8 sur la couche externe et satisfont la règle de l'octet.

Modèle de Lewis de la liaison covalente

La mise en commun de deux électrons entre deux atomes constitue un **doublet liant** assurant une liaison dite **covalente** entre ces deux atomes.

Les électrons non partagés de la couche externe d'un atome se regroupent en **doublets non liants** autour de cet atome.

Représentation de Lewis d'une molécule

Cette représentation indique l'enchaînement des atomes en faisant apparaître les doublets liants et non liants des couches externes des atomes engagés dans la molécule. Les doublets sont représentés par des tirets.

Exemples :

Eau : H_2O — Ammoniac : NH_3 — Acide chlorhydrique : $HC\ell$

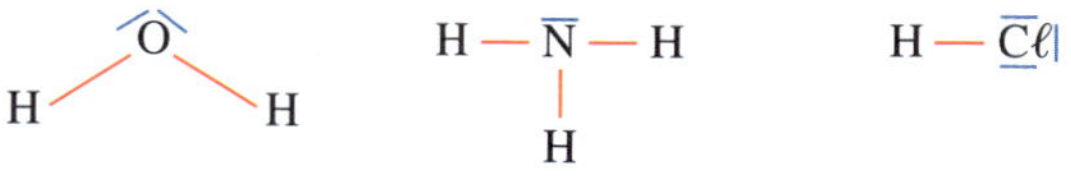

— Doublets non liants — Doublets liants

Dans toutes ces molécules :

- l'atome d'hydrogène réalise une liaison covalente et satisfait la règle du duet en ayant alors 2 électrons sur sa couche externe ;
- les autres atomes possèdent 4 doublets sur leur couche externe et satisfont alors la règle de l'octet.

Méthode

Déterminer une représentation de Lewis

Quelle est la représentation de Lewis de la molécule d'ammoniac de formule NH_3 ?

Solution : Pour déterminer cette représentation, il faut :

1) déterminer le nombre total d'électrons des couches externes des atomes de la molécule et en déduire le nombre de doublets (en divisant par 2),

2) répartir les doublets liants entre les atomes et les non liants autour des atomes pour que chaque atome vérifie la règle du duet (pour H) ou de l'octet (pour les autres).

$Z(\mathrm{H}) = 1$, pour H : $(\mathrm{K})^1$, il y a donc 1 électron sur la couche externe, soit 3 électrons pour 3 atomes d'hydrogène,

$Z(\mathrm{N}) = 7$, pour N : $(\mathrm{K})^2(\mathrm{L})^5$, donc il y a 5 électrons sur la couche externe de N.

Au total : $3 + 5 = 8$ électrons sur les couches externes donc quatre doublets pour la molécule de NH_3, trois doublets liants assurent trois liaisons covalentes entre N et H et il reste un doublet non liant propre à l'atome d'azote N (voir ci-contre).

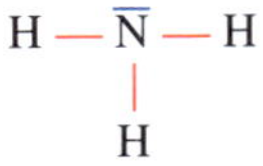

H satisfait la règle du duet (2 électrons sur le niveau externe) et N satisfait la règle de l'octet (8 électrons sur le niveau externe).

Justifier une représentation de Lewis

La représentation de Lewis ci-contre est celle de la molécule de dioxyde de carbone de formule CO_2.

Justifier cette représentation à l'aide de la règle de l'octet.

Solution : L'atome de carbone et les 2 atomes d'oxygène possèdent 4 doublets d'électrons, soit 8 électrons, sur leur couche externe : ils satisfont alors la règle de l'octet.

Application

Déterminer la représentation de Lewis des molécules suivantes :

a. dihydrogène H_2 ;

b. difluor F_2 ;

c. dioxygène O_2 ;

d. éthène C_2H_4.

Données : $Z(\mathrm{H}) = 1$, $Z(\mathrm{C}) = 6$, $Z(\mathrm{O}) = 8$, $Z(\mathrm{F}) = 9$.

Rappel de cours

Formules des molécules

- La formule **brute** indique la composition atomique de la molécule.
- La formule **semi-développée** indique toutes les liaisons entre les atomes, exceptées celles des atomes d'hydrogène.
- La formule **développée** montre toutes les liaisons.

Exemple : Formules de la molécule d'éthane.

Formule brute	Formule semi-développée	Formule développée
C_2H_6	$CH_3—CH_3$	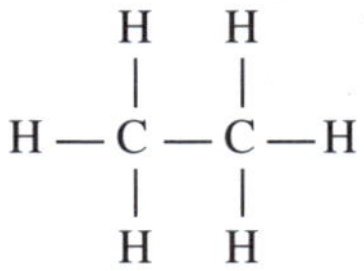

Notion d'isomérie

Deux molécules ayant même formule brute mais des formules développées différentes sont appelées **isomères** de constitution.

Exemple : Il existe deux isomères de formule brute C_2H_6O, l'éthanol $CH_3—CH_2—OH$ et le méthoxyméthane $CH_3—O—CH_3$.

Géométrie des molécules

Autour d'un atome central, les doublets d'électrons liants et non liants se repoussent et s'orientent dans l'espace le plus loin possible les uns des autres.

Exemple : Les 4 doublets liants de la molécule de méthane CH_4 se repoussent et s'orientent vers les sommets d'un tétraèdre.

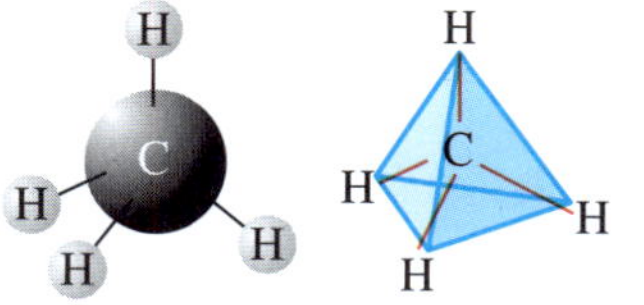

La représentation de Cram indique la disposition dans l'espace des liaisons autour d'un atome central *X*.

Conventions de la schématisation des liaisons

—— liaison dans le plan de la figure

liaison vers l'avant du plan

liaison vers l'arrière du plan

Méthode

Représenter des formules semi-développées

Rechercher les formules semi-développées compatibles avec les règles du duet et de l'octet des molécules de formule brute C_4H_{10}. Comment nomme-t-on ces molécules ?

Données : $Z(\mathrm{H}) = 1$, $Z(\mathrm{C}) = 6$.

Solution : Structures électroniques de H : $(\mathrm{K})^1$; de C : $(\mathrm{K})^2(\mathrm{L})^4$. Pour C_4H_{10}, il y a $(4 \times 4) + (10 \times 1) = 26$ électrons externes, soit $26 : 2 = 13$ doublets. Or il faut 10 doublets liants pour 10 atomes H, il reste donc 3 doublets pour lier les 4 atomes de carbone. Il y a deux possibilités : ces deux molécules sont des isomères.

$CH_3—CH_2—CH_2—CH_3$

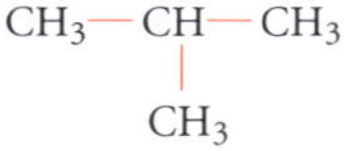

Interpréter la géométrie de molécules simples

Les molécules CH_4, NH_3 et H_2O ont des formes différentes.

tétraèdrique	pyramidale	coudée
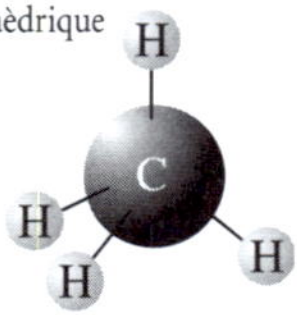	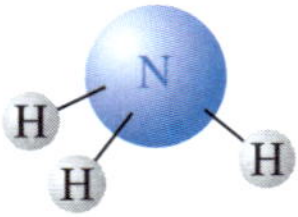	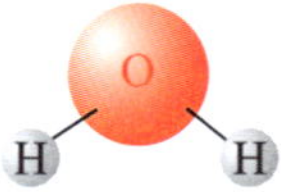
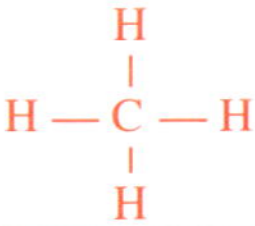		
4 doublets liants se repoussent : C est au centre d'un tétraèdre. 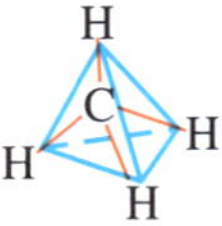	3 doublets liants et 1 doublet non liant se repoussent : N est au sommet d'une pyramide. 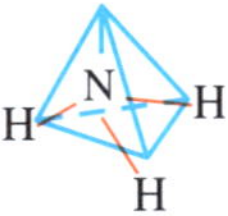	2 doublets liants et 2 doublets non liants se repoussent : les trois atomes ne sont pas alignés. 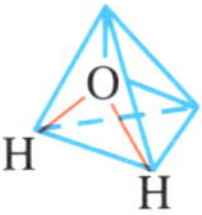

Application

1 Rechercher les isomères de C_2H_7N.

Données : $Z(\mathrm{H}) = 1$, $Z(\mathrm{C}) = 6$ et $Z(\mathrm{N}) = 7$.

2 Pourquoi la molécule de dioxyde de carbone est-elle linéaire ?

10 CLASSIFICATION DES ÉLÉMENTS

Rappel de cours

Au XIXe siècle, le chimiste russe Dimitri Mendeleïev classe les éléments chimiques connus à l'époque par masse croissante et regroupe ceux qui ont des propriétés communes. Il est à l'origine de l'actuelle classification des éléments chimiques (voir **dépliant**).

Critères de la classification des éléments chimiques

Les éléments sont classés par numéro atomique Z croissant. Les éléments possédant le même nombre d'électrons sur la couche externe sont placés dans une même colonne. La classification actuelle est constituée de 18 colonnes et 7 lignes appelées **périodes**.

Les trois premières périodes sont présentées ci-dessous :

	1	2	13	14	15	16	17	18
1	$Z = 1$ H $(K)^1$							$Z = 2$ He $(K)^2$
2	$Z = 3$ Li $(K)^2(L)^1$	$Z = 4$ Be $(K)^2(L)^2$	$Z = 5$ B $(K)^2(L)^3$	$Z = 6$ C $(K)^2(L)^4$	$Z = 7$ N $(K)^2(L)^5$	$Z = 8$ O $(K)^2(L)^6$	$Z = 9$ F $(K)^2(L)^7$	$Z = 10$ Ne $(K)^2(L)^8$
3	$Z = 11$ Na $(K)^2(L)^8(M)^1$	$Z = 12$ Mg $(K)^2(L)^8(M)^2$	$Z = 13$ Al $(K)^2(L)^8(M)^3$	$Z = 14$ Si $(K)^2(L)^8(M)^4$	$Z = 15$ P $(K)^2(L)^8(M)^5$	$Z = 16$ S $(K)^2(L)^8(M)^6$	$Z = 17$ Cℓ $(K)^2(L)^8(M)^7$	$Z = 18$ Ar $(K)^2(L)^8(M)^8$

Le carbone (C) et le silicium (Si) ont **le même nombre d'électrons sur la couche externe** : 4 sur L pour C et 4 sur M pour Si.

Du lithium (Li) au néon (Ne), la deuxième période est associée au remplissage progressif de la couche électronique L.

Les familles chimiques

La classification est qualifiée de périodique car les éléments ayant des propriétés similaires sont situés à intervalles réguliers, dans une même colonne : ils constituent une famille chimique.

Nom de la famille	Alcalins	Halogènes	Gaz nobles
Numéro de la colonne	1	17	18
Nombre d'électrons externes	1	7	8
Premiers éléments	Li, Na, K	F, Cℓ, Br	He, Ne, Ar

Leur ressemblance est due à leur configuration électronique externe identique (► Fiche 11).

Méthode

Classification et isotopes

Les isotopes du carbone sont $^{12}_{6}C$, $^{13}_{6}C$ et $^{14}_{6}C$ (▶ Fiches 5 et 6). Déterminer la constitution de ces atomes et leur structure électronique. Où sont-ils placés dans la classification des éléments ?

Solution : Ces isotopes ne diffèrent que par le nombre de leurs neutrons.

Isotope	Z	Nombre de neutrons	Nombre d'électrons	Structure électronique	Place dans la classification
$^{12}_{6}C$	6	12 – 6 = 6	6	$(K)^2(L)^4$	Même place : 2ᵉ période, colonne 14
$^{13}_{6}C$	6	13 – 6 = 7	6	$(K)^2(L)^4$	
$^{14}_{6}C$	6	14 – 6 = 8	6	$(K)^2(L)^4$	

Les isotopes d'un même élément sont donc placés dans la même case.

Rayons atomiques

Comment apparaît ici le caractère périodique de la classification ?

Solution : Les variations du rayon se répètent à intervalles réguliers, les valeurs extrêmes apparaissent pour les alcalins (Li, Na et K) et les halogènes (He, Ne et Ar).

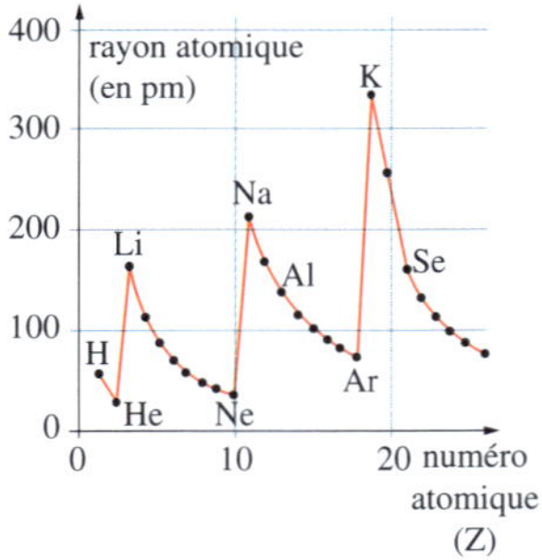

Application

Ce tableau indique les caractéristiques de trois éléments.

Nom de l'élément	Fluor	Chlore	Brome
Symbole de l'élément	F	$C\ell$	Br
Structure électronique de l'atome	$(K)^2(L)^7$	$(K)^2(L)^8(M)^7$	$(K)^2(L)^8(M)^{18}(N)^7$
Formule des ions stables	F^-	$C\ell^-$	Br^-
Formule des molécules formées	F_2	$C\ell_2$	Br_2

a. Donner les structures électroniques des trois ions.

b. Quelle est la règle satisfaite par ces structures ?

c. Indiquer le schéma de Lewis des molécules formées ici.

d. Quelle est la règle vérifiée par chaque atome dans les molécules ?

e. Comment appelle-t-on la famille constituée par ces éléments ?

11 UTILISATION DE LA CLASSIFICATION

Rappel de cours

Familles chimiques

Les éléments d'une **même colonne** forment une famille chimique : ils possèdent des propriétés chimiques semblables (▶ Fiche 10), déterminées par leur structure électronique externe.

Charge des ions monoatomiques

Pour satisfaire les règles du duet ou de l'octet, les atomes forment des ions monoatomiques (▶ Fiche 7).

Les atomes des éléments d'une même colonne possèdent le même nombre d'électrons sur leur couche externe : ils forment des ions ayant la même charge électrique.

Les alcalins (1re colonne) possèdent un seul électron sur le niveau externe : ils le perdent facilement pour former les ions Li^+, Na^+, K^+. De même les éléments de la 2e colonne perdent facilement 2 électrons.

Les halogènes (colonne 17) possèdent 7 électrons sur le niveau externe : ils gagnent facilement un électron pour satisfaire la règle de l'octet. De même, les éléments de la colonne 16 gagnent facilement 2 électrons.

	1	2	13	14	15	16	17	18
2	Li^{2+}	Be^{2+}				O^{2-}	F^-	
3	Na^+	Mg^{2+}				S^{2-}	$C\ell^-$	
4	K^+	Ca^{2+}					Br^-	

Formation de liaison covalente dans les molécules

Les atomes des éléments d'une même colonne possèdent le même nombre d'électrons sur leur couche externe : ils forment le même nombre de liaisons covalentes dans les molécules (▶ Fiche 8).

Les atomes des colonnes 14, 15, 16 et 17 ont respectivement 4, 5, 6 et 7 électrons sur leur couche externe et forment 4, 3, 2 et 1 liaison(s) covalente(s).

Exemple : molécules formées par combinaison avec l'hydrogène.

	1	2	13	14	15	16	17	18
2				CH_4	NH_3	H_2O	HF	
3				SiH_4	PH_3	H_2S	$HC\ell$	

Méthode

Connaître quelques familles chimiques

a. À quelle famille appartiennent les éléments hélium ($Z = 2$), néon ($Z = 10$) et argon ($Z = 18$) ?
Donner leur structure électronique.

b. Comment appelle-t-on la famille des éléments possédant un seul électron sur la couche externe ?
Quels ions monoatomiques forment-ils ?
Justifier leur charge électrique.

Solution :

a. Hélium, He : $(K)^2$; néon Ne : $(K)^2(L)^8$; et argon Ar : $(K)^2(L)^8(M)^8$ appartiennent à la famille des gaz nobles.

b. Ce sont les éléments de la première colonne, les alcalins.
Ils forment les ions Li^+, Na^+ et K^+ qui portent une charge « $+e$ » car ils perdent l'électron de la couche externe pour satisfaire la règle du duet (Li) ou de l'octet (Na et K).

Prévoir le nombre de liaisons que peut établir un élément

Les éléments carbone (C : $Z = 6$), silicium (Si : $Z = 14$) et germanium (Ge : $Z = 32$) appartiennent à la même colonne de la classification.

a. Combien d'électrons possèdent-ils sur leur couche externe ?

b. En déduire le nombre de liaisons covalentes qu'ils réalisent.

Solution :

a. Les structures électroniques de C, Si, Ge sont C : $(K)^2(L)^4$, Si : $(K)^2(L)^8(M)^4$, Ge : $(K)^2(L)^8(M)^{18}(N)^4$.
Ces éléments possèdent donc tous 4 électrons sur leur couche externe.

b. Pour satisfaire la règle de l'octet, ils réalisent 4 liaisons covalentes.

Application

Les éléments oxygène (O : $Z = 8$) et soufre (S : $Z = 16$) appartiennent à la même famille.

a. Donner leur structure électronique.

b. En déduire les formules des ions monoatomiques oxyde et sulfure.

c. Les formules du dioxyde de carbone et de l'oxyde de sodium sont CO_2 et Na_2O. En déduire par analogie les formules du sulfure de carbone et du sulfure de sodium.

Rappel de cours

Unité de quantité de matière : la mole

La mole, de symbole mol, est la quantité de matière d'un système contenant autant d'entités (atomes, molécules ou ions) qu'il y a d'atomes dans 12,0 g de carbone 12 (isotope $^{12}_{6}C$).

Le nombre d'entités par mole est appelé **constante d'Avogadro** (N_A), de valeur $6,02 \times 10^{23}$ mol^{-1}. Une mole est donc un « paquet » contenant **$6,02 \times 10^{23}$ entités**. La quantité de matière n, mesurée en mol, est proportionnelle au nombre d'entités élémentaires N : $n = \frac{N}{N_A}$.

Grandeurs molaires

- La **masse molaire M** (en g·mol^{-1}) est la masse d'une mole.
- La **masse molaire atomique** d'un élément est la masse d'une mole d'atomes de cet élément (voir classification : dépliant).
- La **masse molaire moléculaire** d'une espèce est la masse d'une mole de molécules : elle se déduit des masses molaires atomiques.
- Le **volume molaire V_m** (en L·mol^{-1}) est le volume d'une mole.

Remarque : dans les mêmes conditions de pression et de température, tous les gaz ont le même volume molaire (loi d'Avogadro-Ampère ▶ Fiches 32 et 35).

Détermination des quantités de matière

- La quantité de matière d'un échantillon est proportionnelle à sa masse :

$$n = \frac{m}{M}$$

n : quantité de matière, en mol
m : masse de l'échantillon, en g
M : masse molaire de l'espèce chimique, en g·mol^{-1}

- Pour un liquide de masse volumique ρ, la quantité de matière peut s'exprimer en fonction du volume de l'échantillon :

$$n = \frac{m}{M} = \frac{\rho V}{M}$$

ρ : masse volumique du liquide, en g·cm^{-3}
V : volume de l'échantillon, en cm^3
M : masse molaire de l'espèce chimique, en g·mol^{-1}

- La quantité de matière d'un gaz est proportionnelle a son volume :

$$n = \frac{V}{V_m}$$

V : volume de gaz en L
V_m : volume molaire des gaz, en L·mol^{-1}
À P_{atm} et $\theta = 20$ °C, $V_m = 24,0$ L·mol^{-1} (▶ Fiche 35)

Méthode

Les masses molaires atomiques nécessaires aux calculs sont données dans la classification périodique : voir ***dépliant****.*

Calculer la masse molaire d'une espèce chimique

Calculer les masses molaires de l'eau : H_2O, du saccharose : $C_{12}H_{22}O_{11}$ et du chlorure de sodium : $NaC\ell$.

Solution : La masse molaire d'une espèce est égale à la somme des masses molaires atomiques des atomes présents.

- $M(H_2O) = 2 \times M(H) + M(O) = (2 \times 1,0) + 16,0 = 18,0\ g \cdot mol^{-1}$.
- $M(C_{12}H_{22}O_{11}) = 12 \times M(C) + 22 \times M(H) + 11 \times M(O)$
  $= 144 + 22 + 176 = 342\ g \cdot mol^{-1}$.
- $M(NaC\ell) = M(Na) + M(C\ell) = 23 + 35,5 = 58,5\ g \cdot mol^{-1}$.

Déterminer une quantité de matière

Calculer les quantités de matière présentes dans :

a. un comprimé d'aspirine de 500 mg composé de molécules d'acide acétylsalicylique ($C_9H_8O_4$) de masse molaire $M = 180\ g \cdot mol^{-1}$;

b. un volume de 70 mL d'éthanol (C_2H_6O), de masse volumique $\rho = 0,79\ g \cdot cm^{-3}$ et de masse molaire $M = 46\ g \cdot mol^{-1}$;

c. un litre de dioxygène gazeux (O_2) si $V_m = 24,0\ L \cdot mol^{-1}$.

Solution :

a. Pour un solide dont on connaît la masse, la quantité de matière est $n = \frac{m}{M}$, ici $n = \frac{0,500}{180} = 2,78 \times 10^{-3}$ mol $= 2,78$ mmol.

b. Pour un liquide dont on connaît le volume et la masse volumique $n = \frac{\rho V}{M}$, ici $n = \frac{0,79 \times 70}{46} = 1,2$ mol.

c. Pour un gaz dont on connaît le volume et le volume molaire $n = \frac{V}{V_m}$, ici $n = \frac{1,0}{24,0} = 4,2 \times 10^{-2}$ mol $= 42$ mmol.

Application

On souhaite prélever un échantillon de 0,15 mol de sulfate de cuivre hydraté, de cyclohexane et d'hélium.

Indiquer le protocole à suivre pour prélever 0,15 mol de chaque espèce, compte tenu de l'état physique des corps considérés.

Données :

Nom	Sulfate de cuivre	Cyclohexane	Hélium
Formule	$CuSO_4, 5H_2O$	C_6H_{12}	He
État	solide en poudre	liquide $\rho = 0,78\ g \cdot cm^{-3}$	gaz $V_m = 24\ L \cdot mol^{-1}$

Rappel de cours

Les solutions

Une solution est obtenue par dissolution d'une espèce chimique appelée **soluté** dans un liquide appelé **solvant**. Si le solvant est l'eau, on dit que la solution est **aqueuse**. Lors d'une dissolution, les entités chimiques du soluté (molécules ou ions) se dispersent parmi les nombreuses molécules de solvant.

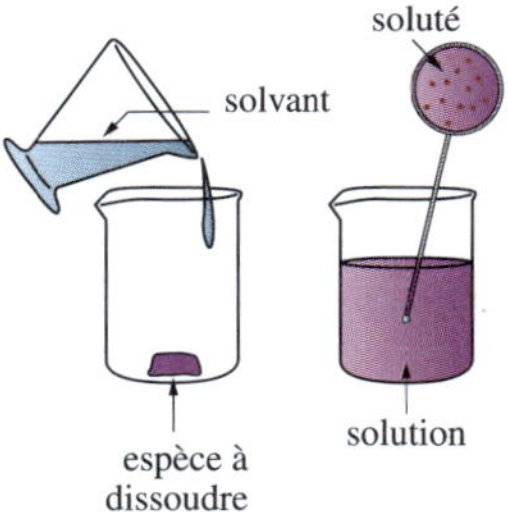

Concentration d'une espèce en solution

• La **concentration massique** $C_{(A)}$ d'une espèce A en solution est égale au quotient de la masse de A dissoute par le volume V_{sol} de la solution.

$$C_{(A)} = \frac{m_{(A)}}{V_{sol}}$$

$C_{(A)}$: concentration massique, en $g \cdot L^{-1}$
$m_{(A)}$: masse dissoute, en g
V_{sol} : volume de la solution, en L

• La **concentration molaire** $C_{(A)}$ d'une espèce A en solution est égale au quotient de la quantité de matière dissoute par le volume de la solution.

$$C_{(A)} = \frac{n_{(A)}}{V_{sol}}$$

$C_{(A)}$: concentration molaire, en $mol \cdot L^{-1}$
$m_{(A)}$: quantité de matière, en mol
V_{sol} : volume de la solution, en L

Dilution d'une solution

Diluer une solution aqueuse consiste à lui ajouter de l'eau distillée pour obtenir une solution moins concentrée.

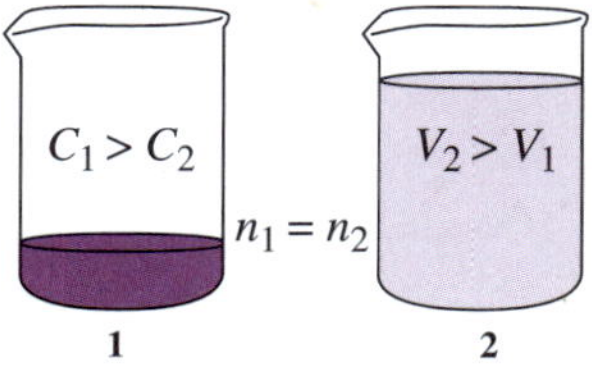

Au cours d'une dilution, la quantité de matière de soluté est conservée, $n_1 = n_2$, soit $\mathbf{C_1 \times V_1 = C_2 \times V_2}$.

La concentration de la solution obtenue est $C_2 = \frac{C_1 \times V_1}{V_2}$ (▶ Fiche 38).

Si $V_2 = 5 \times V_1$, alors $C_2 = \frac{C_1}{5}$ et la solution est diluée 5 fois.

Méthode

Préparer une solution

Le sulfate de cuivre est un solide de formule $CuSO_4,5H_2O$ dont la masse molaire est 250 g · mol^{-1}.

Indiquer le protocole à suivre pour préparer 100 mL de solution de sulfate de cuivre de concentration 0,20 mol · L^{-1}.

Solution : La quantité de matière nécessaire est :

$$n = C \times V_{sol} = 0{,}20 \times 0{,}100 = 0{,}020 \text{ mol.}$$

La masse à dissoudre est donc $m = n \times M = 0{,}020 \times 250 = 5{,}0$ g.

On pèse 5,0 g de sulfate de cuivre que l'on verse dans une fiole jaugée de 100 mL avec de l'eau distillée. On agite la fiole pour dissoudre le solide et homogénéiser la solution, puis l'on complète au trait de jauge avec de l'eau distillée (▶ Fiche 38).

Réaliser une dilution

Quel est le volume de solution (1) de sulfate de cuivre de concentration $C_1 = 0{,}20$ mol · L^{-1} à prélever pour fabriquer 50 mL de solution (2) de concentration $C_2 = 0{,}020$ mol · L^{-1} ?

Solution : Au cours de la dilution, la quantité de matière de soluté est conservée.

La quantité de soluté prélevée dans la solution (1) est $n_1 = C_1 \times V_1$, dans la solution (2) elle vaut $n_2 = C_2 \times V_2$.

Cette quantité est conservée au cours de la dilution,

$n_1 = n_2 = C_1 \times V_1 = C_2 \times V_2$.

Le volume à prélever est donc $V_1 = \dfrac{C_2 \times V_2}{C_1} = \dfrac{0{,}020 \times 50}{0{,}20} = 5{,}0$ mL (voir protocole fiche 38).

Application

On prépare 125 mL d'eau sucrée en dissolvant un morceau de sucre de 5,0 g dans un verre d'eau. Le sucre est constitué de molécules de saccharose de formule $C_{12}H_{22}O_{11}$ dont la masse molaire est 342 g · mol^{-1}.

a. Calculer la concentration massique de la solution réalisée.

b. Calculer sa concentration molaire.

c. Si l'on ajoute de l'eau distillée à la solution initiale pour que son volume final soit de 1,0 L, quelles seront les nouvelles valeurs des concentrations ?

14 LA RÉACTION CHIMIQUE

Rappel de cours

Transformation d'un système chimique

Un système chimique est un mélange d'espèces chimiques susceptibles de réagir entre elles, son état est décrit par :

– les conditions de pression « p » et de température « T » ;
– la nature et la quantité des espèces présentes ;
– l'état physique de ces espèces : solide (**s**), liquide (**l**), gaz (**g**) ou dissous en solution aqueuse (**aq**).

Une transformation chimique est une évolution du système qui passe d'un état initial (EI) à un état final (EF).

EI (p_i, T_i)	Transformation chimique	**EF** (p_f, T_f)
• Espèces initialement présentes	⟶	• Espèces nouvelles • Espèces éventuellement restantes

Les espèces chimiques consommées sont appelées **Réactifs** et les espèces formées sont appelées **Produits**. Lorsqu'un des réactifs est entièrement consommé, la transformation s'arrête : ce réactif est appelé **réactif limitant.**

Exemple : La combustion d'un morceau de fusain (carbone) dans un flacon de dioxygène produit du dioxyde de carbone. Lorsque la réaction est terminée, s'il reste du carbone et si tout le dioxygène est consommé, le schéma est :

EI (p_i, T_i)	Transformation chimique	**EF** (p_f, T_f)
Carbone : C(s) Dioxygène : O_2 (g)	⟶	Dioxyde de carbone : CO_2 (g) Carbone : C(s)

Modélisation de la transformation

À l'échelle macroscopique, la transformation chimique est modélisée par une réaction chimique symbolisée par une équation qui traduit l'évolution du système en indiquant le passage des réactifs aux produits représentés par leur formule.

Exemple : La réaction entre les ions cuivre et les ions hydroxyde s'écrit Cu^{2+} (aq) + **2** OH^- (aq) ⟶ $Cu(OH)_2$ (s)

On place devant les formules des **nombres stœchiométriques** que l'on ajuste pour traduire la conservation des éléments chimiques et des charges électriques. Ces nombres renseignent sur les proportions dans lesquelles les réactifs sont consommés et les produits formés.

Méthode

Décrire un système

Dans un bécher contenant une solution aqueuse d'acide chlorhydrique (ions H^+, ions $C\ell^-$ et molécules d'eau H_2O), on verse de la poudre de fer (atomes Fe). Il se produit un dégagement gazeux de dihydrogène (H_2), la poudre disparaît totalement et il se forme des ions fer Fe^{2+}. Lorsque la transformation s'arrête, il reste des ions H^+, les ions $C\ell^-$ et les molécules d'eau n'ont pas réagi.

a. Schématiser la transformation en indiquant la composition du système à l'état initial et à l'état final ($p = 1 \times 10^5$ Pa et $T = 300$ K). Quels sont les réactifs et les produits ?

b. Écrire l'équation chimique modélisant la transformation.

Solution :

a. Seul le fer disparaît complètement :

EI ($p = 1 \times 10^5$ Pa et T = 300 K)	Transformation chimique	**EF** ($p = 1 \times 10^5$ Pa et T = 300 K)
$H^+(aq)$ $C\ell^-(aq)$ $H_2O(l)$ Fe (s)	$\longrightarrow$	$H^+(aq)$ $C\ell^-(aq)$ $H_2O(l)$ $Fe^{2+}(aq)$ $H_2(g)$

Les réactifs sont les espèces qui disparaissent : ici les ions H^+ et les atomes Fe.

Les produits apparaissent : ce sont les molécules H_2 et les ions Fe^{2+}.

b. Équation chimique :

$$\mathbf{2}\,H^+(aq) + Fe(s) \longrightarrow H_2(g) + Fe^{2+}(aq).$$

Le nombre 2 permet d'écrire la conservation des éléments et des charges électriques.

Application

1 À pression p et température T constantes, un morceau de sodium (atomes Na) disparaît entièrement en réagissant avec l'eau en excès pour former des ions sodium (Na^+), des ions hydroxyde (OH^-) et un dégagement gazeux de dihydrogène (H_2).

a. Donner le schéma de la transformation : état initial et état final.

b. Écrire l'équation chimique de la réaction.

2 La synthèse de l'acétate de linalyle ($C_{12}H_{20}O_2$) est réalisée à partir du linalol ($C_{10}H_{18}O$) et d'anhydride éthanoïque ($C_4H_6O_3$), elle produit aussi de l'acide éthanoïque ($C_2H_4O_2$).

Écrire l'équation de cette réaction de synthèse.

15 BILAN DE MATIÈRE

Rappel de cours

Avancement « x » d'une transformation chimique

Si l'on mélange des ions cuivre (Cu^{2+}) avec des ions hydroxyde (OH^-) en solution aqueuse, il apparaît un précipité d'hydroxyde de cuivre $Cu(OH)_2$: $Cu^{2+} + 2\ OH^- \longrightarrow Cu(OH)_2$.
La formation de $\boldsymbol{x}$ moles de $Cu(OH)_2$ nécessite la disparition de $\boldsymbol{x}$ moles d'ions Cu^{2+} et de $\boldsymbol{2x}$ moles d'ions OH^-.
Pour suivre l'évolution des quantités de matière, on définit **l'avancement noté $\boldsymbol{x}$** et exprimé en moles.

Tableau descriptif de l'évolution d'une transformation

S'il y a deux moles d'ions Cu^{2+} et deux moles d'ions OH^- dans l'état initial, on obtient le tableau ci-dessous.
$\boldsymbol{x}$ correspond à la quantité d'hydroxyde de cuivre formé.

Équation	Cu^{2+} +	$2\ OH^-$ ⟶	$Cu(OH)_2$
État initial	$n_i(Cu^{2+}) = 2$ mol	$n_i(OH^-) = 2$ mol	$n_i(Cu(OH)_2) = 0$ mol
En cours de transformation	$n(Cu^{2+}) = n_i(Cu^{2+}) - \boldsymbol{x}$ $n(Cu^{2+}) = 2 - \boldsymbol{x}$	$n(OH^-) = n_i(OH^-) - 2\boldsymbol{x}$ $n(OH^-) = 2 - 2\boldsymbol{x}$	$n(Cu(OH)_2) = n_i(Cu(OH)_2 + \boldsymbol{x}$ $n(Cu(OH)_2) = \boldsymbol{x}$

État final

Dans l'état final, si le réactif limitant disparaît complètement alors la transformation s'arrête. L'avancement atteint alors sa valeur maximale notée $\boldsymbol{x_{max}}$, obtenue en écrivant que les quantités de chaque réactif sont nécessairement positives ou nulles.

Exemple : Dans le tableau ($2 - \boldsymbol{x_{max}} \geqslant 0$ et $2 - 2\ \boldsymbol{x_{max}} \geqslant 0$) soit ($\boldsymbol{x_{max}} \leqslant 2$ et $\boldsymbol{x_{max}} \leqslant 1$), on a donc $\boldsymbol{x_{max}} = 1$ mol.
On peut alors compléter le tableau à l'état final avec $\boldsymbol{x_{max}} = 1$ mol.

Équation	Cu^{2+} +	$2\ OH^-$ ⟶	$Cu(OH)_2$
État initial	$n_i(Cu^{2+}) = 2$ mol	$n_i(OH^-) = 2$ mol	$n_i(Cu(OH)_2) = 0$ mol
En cours de transformation	$n(Cu^{2+}) = 2 - \boldsymbol{x}$	$n(OH^-) = 2 - 2\boldsymbol{x}$	$n(Cu(OH)_2) = \boldsymbol{x}$
État final	$n_f(Cu^{2+}) = 2 - \boldsymbol{x_{max}}$ $n_f(Cu^{2+}) = 1$ mol	$n_f(OH^-) = 2 - 2\boldsymbol{x_{max}}$ $n_f(OH^-) = 0$ mol	$n_f(Cu(OH)_2) = \boldsymbol{x_{max}}$ $n_f(Cu(OH)_2) = 1$ mol

Cas particulier : le mélange stœchiométrique

Si tous les réactifs sont consommés à la fin de la transformation, alors on dit que le mélange initial est stœchiométrique.

Méthode

Construire un tableau descriptif d'une transformation

La combustion d'un morceau de 0,20 mol de carbone est réalisée dans un flacon contenant 0,05 mol de dioxygène.
En fin de transformation, le système contient du dioxyde de carbone et du carbone (voir schéma ▶ Fiche 14).

a. Dresser le tableau descriptif de l'évolution du système.

b. Quelle quantité de dioxygène faut-il mélanger à 0,20 mol de carbone pour avoir un mélange stœchiométrique ?

Solution :

a. La formation de $\boldsymbol{x}$ mol de CO_2 nécessite la disparition de $\boldsymbol{x}$ mol de C et $\boldsymbol{x}$ mol de O_2.

Équation	C (s) +	O_2 (g) ⟶	CO_2 (g)
État initial	$n_i(C) = 0{,}20$ mol	$n_i(O_2) = 0{,}05$ mol	$n_i(CO_2) = 0$ mol
En cours de transformation	$n(C) = n_i(C) - x$ $n(C) = 0{,}20 - x$	$n(O_2) = n_i(O_2) - x$ $n(O_2) = 0{,}05 - x$	$n(CO_2) = n_i(CO_2) + x$ $n(CO_2) = x$
État final	$n_f(C) = 0{,}20 - x_{max}$ $n_f(C) = 0{,}20 - 0{,}05 = 0{,}15$	$n_f(O_2) = 0{,}05 - x_{max}$ $n_f(O_2) = 0{,}05 - 0{,}05 = 0$	$n_f(CO_2) = x_{max}$ $n_f(CO_2) = 0{,}05$ mol

La recherche de x_{max} permet de faire le bilan final : il faut trouver la plus grande valeur de x sachant que les quantités finales sont positives ou nulles, donc ($n_f(C) = 0{,}20 - x_{max} \geqslant 0$, et $n_f(O_2) = 0{,}05 - x_{max} \geqslant 0$) soit ($x_{max} \leqslant 0{,}20$, et $x_{max} \leqslant 0{,}05$), la solution est donc $x_{max} = 0{,}05$ mol.
À l'état final, le système contient 0,05 mol de dioxyde de carbone (CO_2) formé et il reste 0,15 mol de carbone (C) en excès.

b. La disparition de 0,20 mol de C nécessite que $x_{max} = 0{,}20$ mol. Or le mélange est stœchiométrique si $n_f(O_2) = n_i(O_2) - x_{max} = 0$. Il faut donc que $n_i(O_2) = x_{max} = 0{,}20$ mol.

Application

La combustion du propane dans le dioxygène produit de l'eau et du dioxyde de carbone. On fait brûler 40 mmol de propane (C_3H_8) en présence de 300 mmol de dioxygène.

a. Schématiser la transformation en indiquant la composition à l'état initial et à l'état final, écrire l'équation de la réaction.

b. Construire le tableau d'évolution du système chimique.

c. Déterminer l'avancement maximal. Quel est le réactif limitant ?

d. Établir le bilan de matière dans l'état final.

16 DE L'ATOME AUX GALAXIES

Rappel de cours

L'Univers, de l'infiniment petit à l'infiniment grand

Le remplissage de l'espace par la matière est **lacunaire**, aussi bien au niveau de l'atome qu'à l'échelle cosmique : la plus grande place est occupée par le vide !

• **À l'échelle microscopique**, la matière est formée d'atomes dont le diamètre est voisin de 10^{-10} m.

Les électrons se déplacent dans le vide autour d'un noyau central 100 000 fois plus petit que l'atome : 10^{-15} m.

• **À l'échelle cosmique**, les planètes qui tournent autour du Soleil constituent le système solaire qui mesure environ 2×10^{13} m. Notre Soleil, dont le diamètre est de $1{,}4 \times 10^{9}$ m, est une étoile parmi plusieurs milliers dans notre Galaxie nommée Voie lactée qui s'étend sur environ 10^{21} m.

L'Univers est formé de nombreuses galaxies éloignées les unes des autres, sa taille est évaluée à 10^{26} m.

Le mètre, unité de longueur

L'unité de longueur est le mètre. On utilise aussi ses multiples et sous-multiples (voir **dépliant**).

L'ordre de grandeur d'une longueur est donné par la puissance de 10 la plus proche. Le diamètre de la Terre est voisin de $1{,}28 \times 10^{7}$ m. Son ordre de grandeur est donc 10^{7} m.

Pour comparer deux ordres de grandeurs, il suffit de faire le rapport des puissances de 10.

Exemple : Comparons la taille du Soleil à celle de la Terre, leurs ordres de grandeur sont respectivement 10^{9} m et 10^{7} m :

$$\frac{10^9}{10^7} = 10^2 = 100.$$

Le Soleil est donc environ 100 fois plus grand que la Terre.

Méthode

Classer des objets en fonction de leur taille

Classer du plus petit au plus grand : la tour Eiffel, la Terre, un atome, une cellule, la distance Terre-Soleil, un papillon, notre Galaxie.
Pour cela, rechercher parmi les valeurs suivantes celle correspondant à la taille de chaque objet et exprimer cette valeur en mètre, à l'aide des puissances de 10 :
10 µm ; 320 m ; 0,1 nm ; 10 cm ; 12 800 km ; 150 Mkm ; 10^{18} km.

Solution :

Objet	Taille	Expression en m
atome	0,1 nm	$0{,}1 \times 10^{-9}$ m $= 1 \times 10^{-10}$ m
cellule	10 µm	10×10^{-6} m $= 1{,}0 \times 10^{-5}$ m
papillon	10 cm	10 cm $= 1{,}0 \times 10^{-1}$ m
tour Eiffel	320 m	320 m $= 3{,}20 \times 10^{2}$ m
Terre	12 800 km	$12\,800 \times 10^{3}$ m $= 1{,}28 \times 10^{7}$ m
distance Terre-Soleil	150 Mkm	150×10^{6} km $= 1{,}5 \times 10^{11}$ m
Galaxie	10^{18} km	10^{18} km $= 1 \times 10^{21}$ m

Positionner des objets sur une échelle de longueur

Construire une échelle de longueur graduée en puissances de 10 et y placer les objets précédents.

Solution : Pour placer la Terre, il faut encadrer la valeur de son diamètre par des puissances de 10, ainsi $10^7 < 1{,}28 \times 10^7 < 10^8$, de même pour les autres objets.

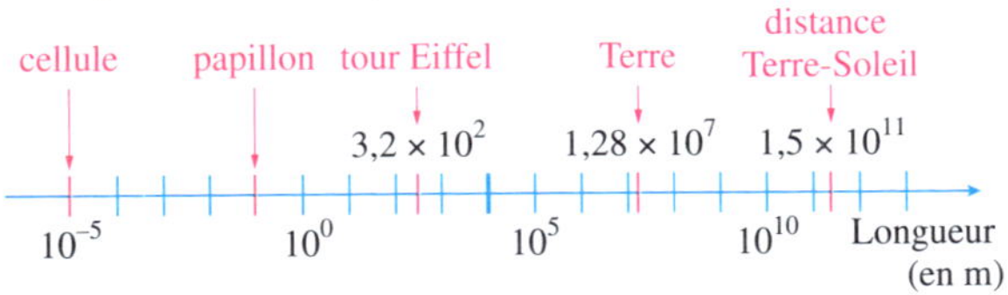

Application

1 Placer sur une échelle de longueur un noyau d'atome, le Soleil et l'Univers.

2 **a.** Comparer la taille de la tour Eiffel à celle d'un papillon et en déduire combien d'ordres de grandeur les séparent.
b. Combien d'ordres de grandeurs séparent la taille d'un noyau d'atome et celle de l'Univers ?

Rappel de cours

Mesures directes

• La mesure d'une longueur dont l'ordre de grandeur est compris entre 10^{-5} m et 10^{2} m peut se faire directement en utilisant un instrument gradué : règle, pied à coulisse, microscope, etc.

Exemple : Cheveu observé au microscope.

L'image du cheveu est superposée à un micromètre permettant de mesurer son diamètre.

• Il est possible d'améliorer la précision d'une mesure en utilisant un grand nombre d'objets identiques : c'est la méthode **d'échantillonnage**.

Exemple : L'épaisseur d'un catalogue de 370 feuilles est de 4,3 cm. L'épaisseur d'une feuille est donc de $\frac{4{,}3}{370} = 0{,}012$ cm.

Mesures indirectes

La détermination d'une longueur peut aussi se faire en mesurant la durée de propagation d'un signal.

Exemple : Le sonar ou le télémètre à ultrasons émettent un signal qui se réfléchit sur un objet : c'est le phénomène d'écho.

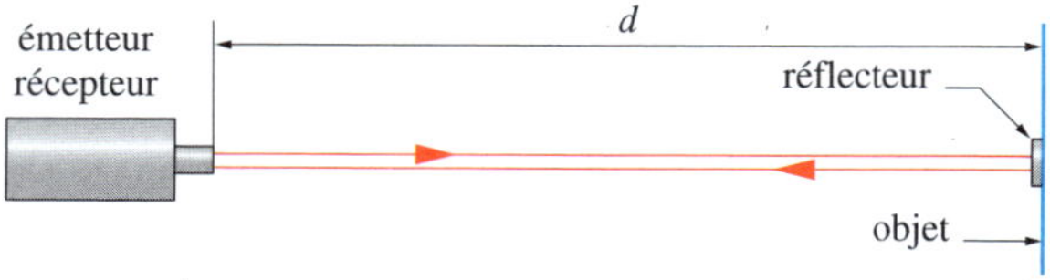

Si l'on utilise un signal qui se déplace à la vitesse v pendant une durée Δt, il parcourt une distance aller-retour égale à $2 \times d = v \times \Delta t$.
La distance entre l'émetteur et l'obstacle est $d = \frac{v \times \Delta t}{2}$.

Mesures utilisant la propagation rectiligne de la lumière

Les méthodes de visée sont présentées Fiche 18.

Méthode

Mesurer directement un objet

L'image du cheveu de la page précédente est obtenue par un objectif marqué « ×50 » et superposée à un micromètre gradué au $\frac{1}{100^e}$ de cm. Lequel est son diamètre réel ?

Solution : Les bords de l'image du cheveu coïncident avec les graduations 40 et 66 : son diamètre est donc égal à $\frac{66-40}{100}=\frac{26}{100}=0{,}26$ cm.

Compte tenu de l'objectif (× 50), le diamètre réel du cheveu est 50 fois plus petit, soit $\frac{0{,}26}{50}=5{,}2\times10^{-3}$ cm $=5{,}2\times10^{-5}$ m $=52$ µm.

Mesurer indirectement un objet

En 1774, Benjamin Franklin verse environ 0,1 mL d'huile d'olive sur un étang et observe que l'huile s'étale sur environ 100 m^2. Il cherche alors à évaluer l'épaisseur de cette tache d'huile.

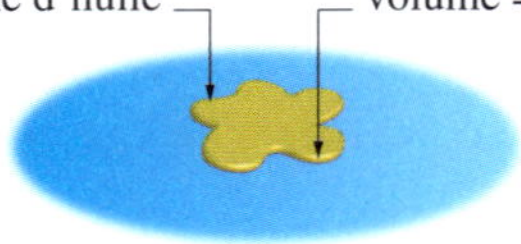

En supposant que les molécules d'huile se disposent les unes contre les autres pour former une seule couche à la surface de l'eau, à quoi correspond l'épaisseur de la tache observée ?
Déterminer l'ordre de grandeur de la taille d'une molécule d'huile.

Solution : L'épaisseur de la tache correspond à la taille d'une molécule d'huile. Si V est le volume, S la surface et e l'épaisseur de la tache, alors $V=S\times e$ et $e=\frac{V}{S}$ avec $V=0{,}1$ mL $=1\times10^{-7}$ m^3,

$S=100$ m^2 d'où $e=1\times\frac{10^{-7}}{100}=1\times10^{-9}$ m $=1$ nm.

Application

Un sonar placé dans un bateau à la surface de l'eau est muni d'un émetteur et d'un récepteur d'ultrasons. Il émet un signal qui se réfléchit sur le fond d'un lac. La vitesse des ultrasons dans l'eau est égale à 1 500 m · s^{-1} et l'écho est reçu 0,17 s plus tard.
En déduire la profondeur du lac à cet endroit.

Rappel de cours

Pour exprimer les distances dans le système solaire ou l'Univers, on utilise des unités plus adaptées à l'échelle cosmique.

L'unité astronomique

L'unité astronomique, symbole **UA**, est la distance moyenne Terre-Soleil : **1 UA** = 150 Mkm = $\mathbf{1{,}50 \times 10^{11}}$ **m.**

Exemple : La distance Soleil-Jupiter est égale à 5,2 UA ce qui signifie que Jupiter est 5,2 fois plus éloignée du Soleil que la Terre.

L'année de lumière

• La vitesse de la lumière dans le vide et dans l'air est une vitesse limite égale à 300 000 km/s. On la note $\boldsymbol{c = 3{,}00 \times 10^8}$ **m/s.**

• L'année de lumière, symbole a.l., est la distance parcourue par la lumière, dans le vide, en un an.

La lumière parcourt $3{,}00 \times 10^8$ m en une seconde. Une année dure 365 jours soit $365 \times 24 \times 3\,600 = 3{,}15 \times 10^7$ s, donc :

1 a.l. = $3{,}00 \times 10^8 \times 3{,}15 \times 10^7 = \mathbf{9{,}46 \times 10^{15}}$ **m.**

Exemple : Notre Galaxie s'étend sur environ 10^{21} m,

soit $\dfrac{10^{21}}{9{,}46 \times 10^{15}} = 1{,}06 \times 10^5$ a.l.,

il faut donc environ 100 000 ans à la lumière pour la traverser.

Notre Soleil est éloigné du centre de la Galaxie d'environ 30 000 a.l.

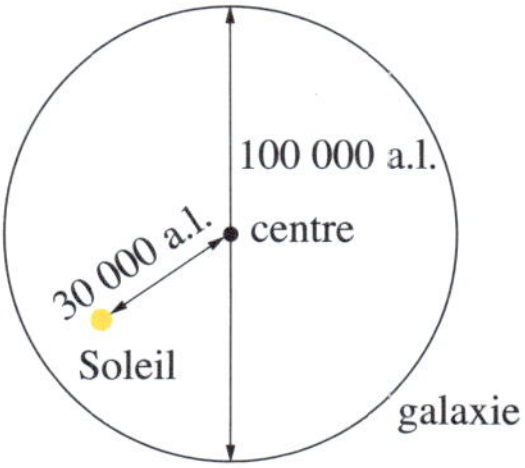

« Voir loin, c'est voir dans le passé »

Nous ne pouvons pas voir loin « en direct » car il faut un certain temps à la lumière pour nous parvenir. Lorsque nous observons la galaxie d'Andromède située à $2{,}25 \times 10^6$ a.l., nous recevons la lumière partie de cette galaxie, il y a 2,25 millions d'années : nous la voyons donc comme elle était « dans le passé ».

Méthode

Mesurer une distance astronomique

L'utilisation d'un écho laser permet de mesurer la distance Terre-Lune : un miroir posé sur la Lune réfléchit la lumière d'un signal laser dont on mesure la durée d'un aller-retour.

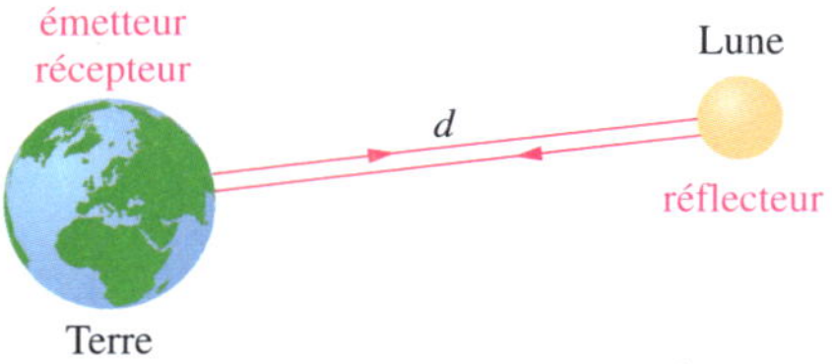

Déterminer la distance Terre-Lune lorsque la durée entre l'émission et la réception du signal est de 2,57 s.

Solution : La lumière laser se propage à $c = 3{,}00 \times 10^8$ m/s et effectue un aller-retour entre la Terre et la Lune pendant $\Delta t = 2{,}57$ s, donc

$$d_{\text{Terre-Lune}} = \frac{c \times \Delta t}{2} = \frac{3{,}00 \times 10^8 \times 2{,}57}{2} = 3{,}86 \times 10^8 \text{ m} = 386\ 000 \text{ km}.$$

Convertir en mètres une distance exprimée en année de lumière

L'explosion de l'étoile qui a formé la nébuleuse du Crabe a été observée par les Chinois en 1054. Cette nébuleuse est située à 5 000 a.l. de la Terre.

a. Exprimer cette distance en mètres.

b. En quelle année l'explosion s'est-elle réellement produite ?

Solution :

a. Compte tenu de la valeur de l'année de lumière, la nébuleuse du Crabe est située à $d = 5\ 000 \times 9{,}46 \times 10^{15} = 4{,}73 \times 10^{19}$ m.

b. La lumière est arrivée 5 000 ans après l'explosion qui s'est donc produite en $1\ 054 - 5\ 000 = -3\ 946$, soit environ 4 000 ans av. J.-C.

Application

1 L'étoile Polaire se trouve à environ $4{,}3 \times 10^{18}$ m de la Terre.

a. Convertir cette distance en année de lumière.

b. Combien de temps met la lumière pour nous parvenir de l'étoile ?

2 Combien d'ordres de grandeur séparent l'UA de l'a.l. ?

20 UN SYSTÈME DISPERSIF : LE PRISME

Rappel de cours

Décomposition de la lumière blanche

La lumière blanche est composée d'une infinité de couleurs, on dit qu'elle est polychromatique. Chaque couleur est associée à une radiation monochromatique caractérisée par une longueur d'onde notée λ (lambda) et exprimée en nm. Le spectre visible s'étend du violet ($\lambda_v = 400$ nm) au rouge ($\lambda_r = 800$ nm).

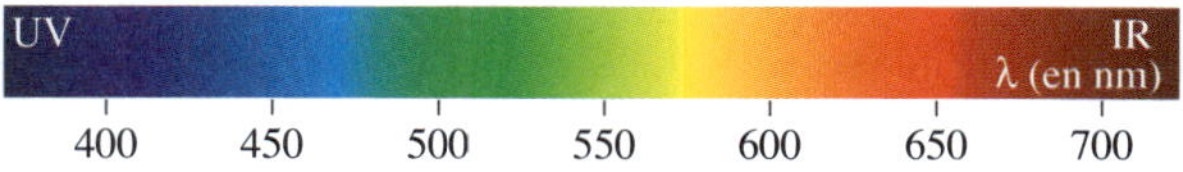

Phénomène de réfraction

C'est le **changement de direction** subi par un rayon lumineux lorsqu'il change de milieu de propagation.

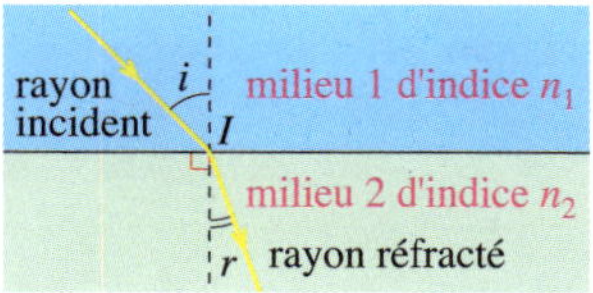

• **Lois de Descartes** pour la réfraction :

– les rayons incident et réfracté sont dans le plan perpendiculaire à la surface de séparation,

– lorsque le rayon passe d'un milieu 1 d'indice n_1 à un milieu 2 d'indice n_2, l'angle d'incidence i et l'angle de réfraction r sont liés par la relation : $$n_1 \times \sin(i) = n_2 \times \sin(r)$$

• L'indice de réfraction est une grandeur caractéristique d'un milieu.

Exemples :

Milieu	Vide	Air	Eau	Verre
Indice	1	1,00	1,33	1,5

Phénomène de dispersion de la lumière par un prisme

Un milieu transparent est dispersif lorsque son indice varie avec la longueur d'onde de la radiation qui le traverse. La lumière blanche qui traverse un prisme en verre dispersif est réfractée à l'entrée et à la sortie de ce prisme. Elle est décomposée car les différentes couleurs ne sont pas déviées de la même manière (voir méthode).

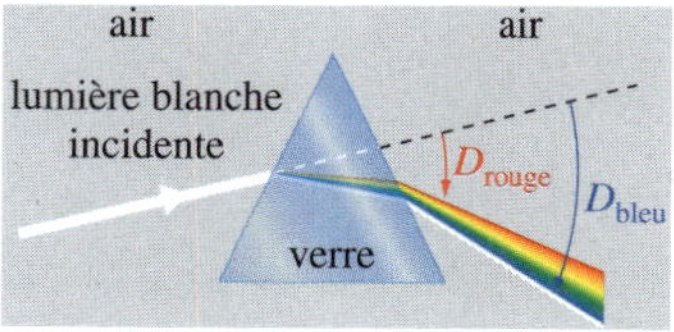

Méthode

Appliquer la loi de Descartes pour la réfraction

Un rayon lumineux rouge pénètre de l'air dans le verre avec un angle d'incidence de 45°.

Déterminer la valeur de l'angle de réfraction dans le verre d'indice 1,5.

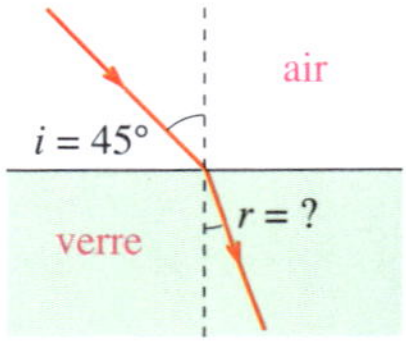

Solution : L'application de la deuxième loi de Descartes pour la réfraction permet d'écrire $n_1 \times \sin(i) = n_2 \times \sin(r)$ avec l'air en milieu 1, ($n_1 = 1{,}00$) et le verre en milieu 2 ($n_2 = 1{,}5$).

$$\sin(r) = n_1 \times \frac{\sin(i)}{n_2} = 1{,}00 \times \frac{\sin(45°)}{1{,}5} = 0{,}47,\ r = 28°.$$

Interpréter la dispersion de la lumière par un prisme

La courbe ci-contre représente les variations de l'indice de réfraction d'un prisme en verre en fonction de la longueur d'onde de la lumière qui le traverse.

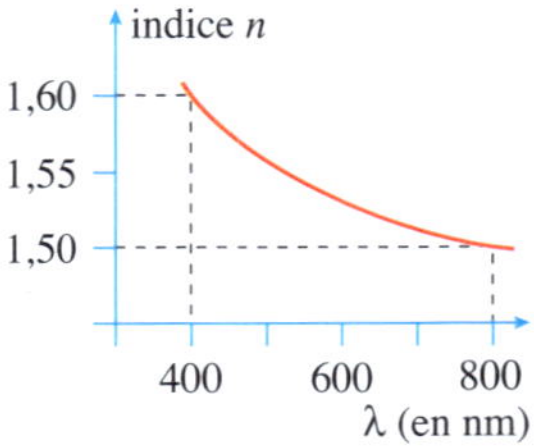

a. Quelles sont les valeurs de n pour les limites du spectre visible ?

b. Expliquer pourquoi ce prisme est dispersif.

Solution :

a. Pour $\lambda = 400$ nm, $n = 1{,}60$ et pour $\lambda = 800$ nm, $n = 1{,}50$.

b. Ce prisme est dispersif car son indice varie avec la longueur d'onde de la radiation qui le traverse : n décroît lorsque λ augmente. Conséquence : les couleurs ne sont pas déviées de la même manière.

Application

1 On distingue habituellement sept couleurs dans le spectre de la lumière blanche comme dans l'arc-en-ciel : quelles sont-elles ? Combien de couleurs y a-t-il en réalité ?

2 Un rayon lumineux pénètre de l'air dans l'eau sous une incidence de 45° et poursuit son chemin avec un angle de réfraction de 32°. En déduire l'indice de réfraction de l'eau.

21 LES SPECTRES D'ÉMISSION

Rappel de cours

L'utilisation d'un prisme (ou d'un réseau) permet de décomposer la lumière émise par une source et d'obtenir son spectre.

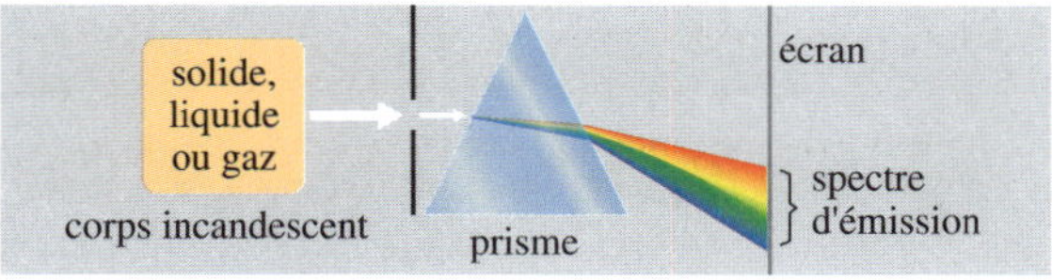

Lumière émise par un corps chaud : spectre continu

Tout corps chaud – solide, liquide ou gaz (sous haute pression) – émet une lumière dont le spectre est **continu** : il contient **une infinité de couleurs**. Ce spectre peut se prolonger au-delà du visible, dans le domaine de l'infrarouge ($\lambda > 800$ nm) ou de l'ultraviolet ($\lambda < 400$ nm).

Influence de la température : lorsque la température du corps augmente, le spectre s'enrichit vers le bleu et le violet.

Exemples : Spectre **1** à T_1, spectre **2** à $T_2 > T_1$, spectre **3** à $T_3 > T_2$.

1
2
3

Lumière émise par un gaz : spectre de raies

Un gaz (à basse pression) chauffé ou soumis à une décharge électrique émet une lumière dont le spectre est **discontinu** : il ne contient que **certaines couleurs** (spectre de **raies d'émission**).

Chaque raie présente dans le spectre correspond à une radiation caractérisée par une longueur d'onde.

Influence de la nature du gaz : les raies observées dans le spectre sont caractéristiques de l'entité chimique (atome ou ion) présente dans le gaz.

Exemples : Spectre **H** pour l'hydrogène et spectre **Hg** pour le mercure.

H
Hg

Méthode

Comparer différents spectres

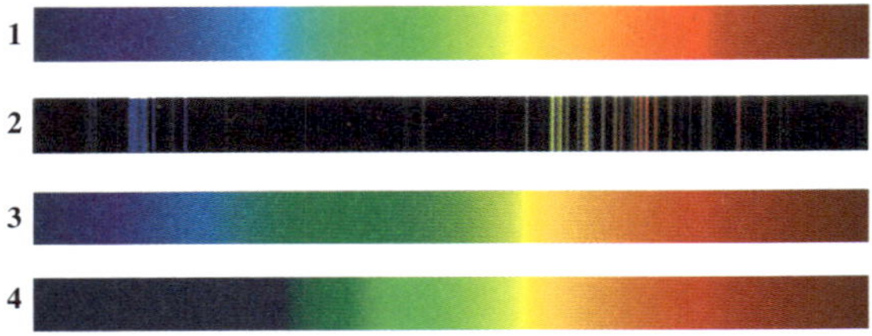

Parmi les spectres ci-dessus, quels sont les spectres d'émission continus ? Quel spectre correspond à la source lumineuse la plus chaude ? Quel est le spectre de raies d'émission ?

Solution :

- Les spectres d'émission continus sont les spectres n° **1** et **4**.
- Le spectre n° **1** est plus riche en bleu et violet que le spectre n° **4**, la source émettrice de lumière est donc plus chaude.
- Le spectre de raies d'émission est le spectre n° **2** : il contient un nombre limité de couleurs émises.

Remarque : le spectre n° **3** est présenté Fiche 22.

Repérer les radiations caractéristiques d'une entité chimique

En utilisant l'échelle graduée en nm, déterminer les valeurs des longueurs d'onde des radiations présentes dans ce spectre :

Solution : le spectre contient six radiations dont les valeurs des longueurs d'onde en nm sont : 445 ; 470 ; 490 ; 500 ; 585 ; 670.

Application

Le tableau suivant indique quelques valeurs de longueurs d'onde des raies présentes dans les spectres de l'hydrogène et de l'hélium.

Hydrogène	365 nm	410 nm	434 nm	486 nm	656 nm	820 nm
Hélium	447 nm	471 nm	492 nm	501 nm	587 nm	668 nm

Reprendre le spectre précédent et trouver l'élément présent dans la source émettrice.

Rappel de cours

Lorsque la lumière blanche traverse un milieu, certaines couleurs sont absorbées, le spectre est alors **discontinu**.

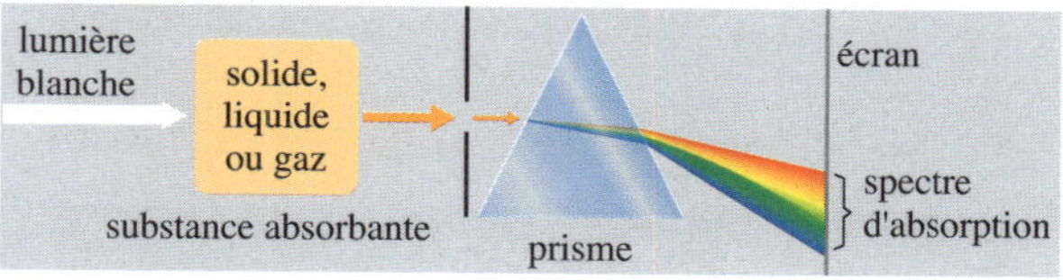

Spectre de bandes d'absorption

Le spectre de la lumière qui a traversé une solution colorée présente des **bandes d'absorption** : **les parties sombres** correspondent aux couleurs absorbées et absentes.

Exemple :

Spectre de la lumière blanche

Chlorophylle

Une solution de chlorophylle absorbe le violet et le rouge et nous apparaît verte.

Spectre de raies d'absorption

Lorsqu'un gaz (à basse pression) est traversé par une lumière blanche, il absorbe certaines radiations : le spectre présente alors des **raies noires**, c'est un spectre de **raies d'absorption**.

Exemple : Le mercure.

Remarque : une entité chimique (atome ou ion) ne peut absorber que les radiations qu'elle est susceptible d'émettre.

Exemple : Pour l'élément sodium, les spectres sont : **1** spectre d'émission et **2** : spectre d'absorption.

1
2

Méthode

Identifier différents spectres

Reconnaître et nommer les spectres suivants :

Solution :

- Le spectre n° **1** est celui de la lumière blanche : toutes les couleurs sont présentes du violet au rouge.
- Le spectre n° **2** est un spectre de bandes d'absorption : une bande de couleurs est absente.
- Le spectre n° **3** est un spectre de raies d'absorption : certaines couleurs sont absentes.
- Le spectre n° **4** est un spectre de raies d'émission (▶ Fiche 21).

Reconnaître un élément chimique

En utilisant les spectres d'émission présentés p. 45, reconnaître l'élément chimique à l'origine du spectre n° **3** ci-dessus.

Solution : La correspondance entre les raies noires du spectre n° **3** et les raies brillantes des spectres d'émission permet d'identifier l'élément mercure.

Application

1 On distingue quatre types de spectres.
Rappeler leurs caractéristiques : nom et aspect.
Comment sont-ils obtenus ?

2 En comparant les spectres suivants, dire quel est l'élément responsable de l'absorption dans le spectre n° **1**.

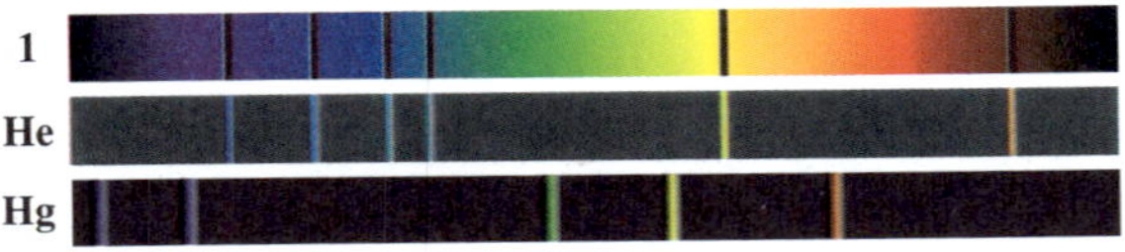

On a ici **He** pour hélium et **Hg** pour mercure.

23 APPLICATION À L'ASTROPHYSIQUE

Rappel de cours

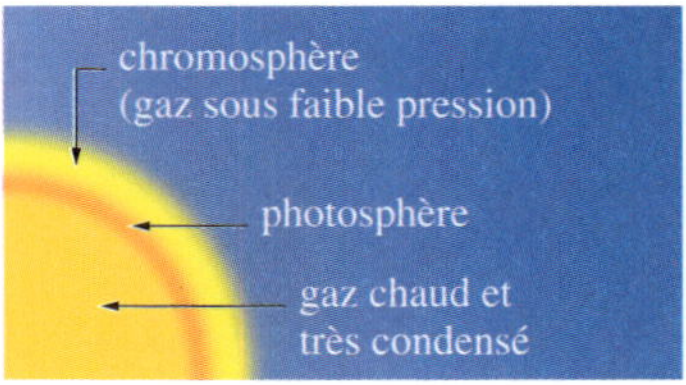

■ Une étoile est une boule de gaz à haute pression dont la partie périphérique, appelée **photosphère**, est à l'origine d'une émission lumineuse.
Elle est entourée d'une atmosphère ou **chromosphère** composée d'un gaz à faible pression.

■ Spectre d'une étoile

Le spectre d'une étoile est un spectre d'émission dont le fond continu comporte des raies d'absorption.

Exemple : Spectre de l'étoile Véga de la constellation de la Lyre.

■ Température de surface

La photosphère est un corps chaud qui émet un rayonnement dont le spectre est continu. Sa couleur apparente dépend de la température à sa surface (▶ Fiche 21).

Exemple : Température et couleur de quelques étoiles.

Étoile	Bételgeuse	Soleil	Altaïr	Rigel
Température (°C)	3 000	6 000	9 000	12 000
Couleur	rougeâtre	jaune	blanche	bleue

■ Composition de l'atmosphère d'une étoile

La lumière produite par la photosphère subit une absorption en traversant la chromosphère. L'analyse des raies d'absorption présentes dans le spectre de l'étoile nous renseigne sur la composition chimique de cette atmosphère (▶ Fiche 22).

Exemple : Spectre d'une étoile contenant entre autres les éléments hydrogène (H), calcium (Ca), magnésium (Mg)…

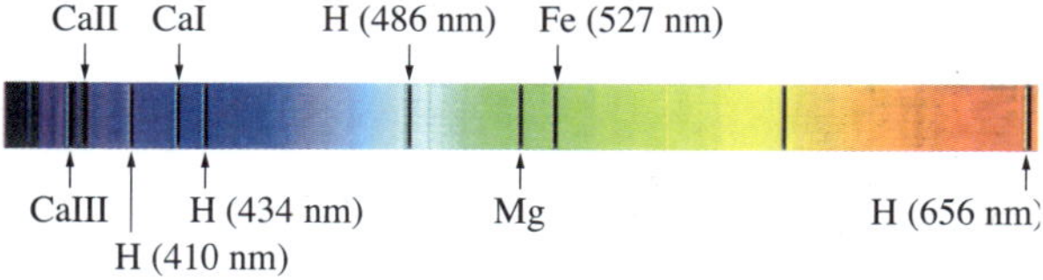

Méthode

Comparer la température des étoiles

Classer les étoiles de ce tableau de la plus froide à la plus chaude.

Étoile	Soleil	Arcturus	Regulus	Sirius
Couleur	jaune	orange	bleue	blanche

Solution : Sirius qui apparaît blanche a un spectre dont le fond continu s'étale du rouge au violet. Regulus, qui apparaît bleue, a un spectre plus riche en bleu-violet donc sa température est plus élevée. Arcturus, qui apparaît orange, a un spectre plus pauvre en bleu-violet car sa température est plus faible. Notre Soleil, qui est jaune, est un peu plus chaud qu'Arcturus. L'ordre de l'étoile la plus froide à l'étoile la plus chaude est donc Arcturus – Soleil – Sirius – Regulus.

Identifier un élément présent dans une étoile

Le spectre suivant est celui de notre étoile : le Soleil.

Les longueurs d'onde caractéristiques des raies visibles du spectre d'émission de l'hydrogène sont : 410 nm, 434 nm, 486 nm et 656 nm.

a. Cet élément chimique est-il présent dans le Soleil ?

b. Que peut-on déduire de la présence d'autres raies dans le spectre ?

Solution :

a. On observe des raies d'absorption aux valeurs correspondant aux longueurs d'onde caractéristiques de l'hydrogène, il est donc présent dans le Soleil.

b. Les autres raies d'absorption révèlent la présence d'autres entités chimiques dans l'atmosphère de l'étoile.

Application

Les deux spectres suivants **1** et **2** sont ceux de deux étoiles différentes.

1

2

a. Comparer leurs températures de surface à celle du Soleil.

b. Comment expliquer la présence de raies noires ?

24 RELATIVITÉ DU MOUVEMENT

Rappel de cours

Référentiel

Tout mouvement est relatif, il dépend de l'endroit (dit de **référence**) où se place l'observateur qui le décrit.

Exemple : Le passager d'un ascenseur est immobile par rapport à l'ascenseur mais se déplace par rapport à l'immeuble.
La description d'un mouvement nécessite donc le choix d'un solide de référence appelé **référentiel**, dont voici quelques exemples :

Référentiel	Le mouvement est décrit par rapport ...	Remarque
Terrestre	à la Terre ou à un solide fixe par rapport à elle.	C'est le référentiel le plus souvent utilisé pour décrire les mouvements à notre échelle.
Géocentrique	au centre de la Terre (sans tenir compte de son mouvement de rotation propre).	Dans ce référentiel, la Lune a un mouvement circulaire autour de la Terre.
Héliocentrique	au centre du Soleil et de quelques étoiles fixes.	Dans ce référentiel, la Terre a un mouvement circulaire.

Étude d'un mouvement

La description du mouvement d'un objet est réalisée en précisant sa trajectoire et l'évolution de sa vitesse.

• La **trajectoire** est l'ensemble des positions successives occupées par l'objet au cours de son mouvement.

• La **vitesse instantanée** d'un objet est sa vitesse à un instant donné.

• La **vitesse moyenne** est le quotient de la distance parcourue d par la durée du parcours Δt :

$$v = \frac{d}{\Delta t}$$

v est en $m \cdot s^{-1}$ (en $km \cdot h^{-1}$).
d est en m (en km), Δt en s (en h).

Remarque : si la durée Δt est petite, la vitesse instantanée du mobile est peu différente de la vitesse moyenne sur ce petit intervalle.

Attention ! La trajectoire et la vitesse d'un point mobile dépendent du référentiel d'étude choisi.

L'enregistrement d'un mouvement est présenté sur le **dépliant** (lancer d'une boule de pétanque).

Méthode

Décrire un mouvement dans deux référentiels différents

Un cycliste lâche une balle tout en roulant à vitesse constante. Les enregistrements suivants montrent les mouvements d'un point du vélo, de la balle et d'un point périphérique de la roue dans deux référentiels différents : le référentiel Terre et le référentiel vélo.

L'intervalle de temps séparant deux positions est $\tau = 40$ ms.

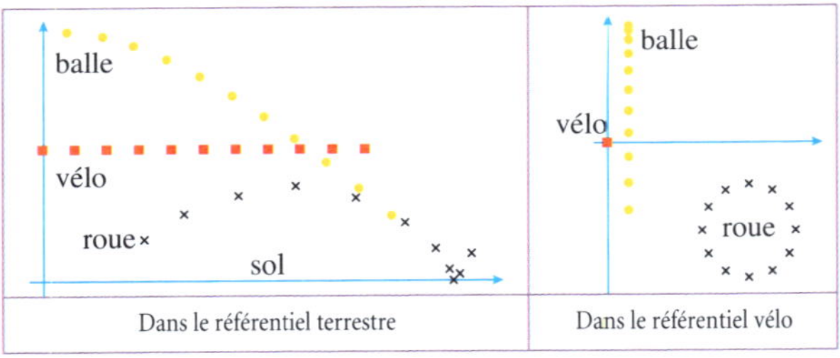

a. Décrire une trajectoire.

b. Décrire l'évolution d'une vitesse.

Solution :

a. La trajectoire peut être **rectiligne** (une ligne droite), **circulaire** (un cercle) ou **curviligne** (une courbe quelconque).
Dans le référentiel terrestre, le point de la roue a une trajectoire curviligne et dans le référentiel vélo, sa trajectoire est circulaire.
La trajectoire dépend bien du référentiel choisi.

b. Si la valeur de la vitesse est constante, le mouvement est uniforme. Sur un enregistrement, la distance parcourue pendant des intervalles de temps égaux reste la même. Si la vitesse augmente (diminue), le mouvement est accéléré (ralenti). La distance parcourue par la balle dans le référentiel terrestre est plus grande que celle parcourue dans le même temps dans le référentiel vélo. La vitesse est bien dépendante du référentiel.

Application

a. Décrire le mouvement de la boule de pétanque présenté dans le dépliant, partie Chronophotographie.

b. Calculer la vitesse instantanée de cette boule au point C.

25 LES FORCES

Rappel de cours

Notion de force

Lorsque deux systèmes sont en interaction, ils exercent l'un sur l'autre des actions mécaniques modélisées par des forces.
Il existe deux types de forces : les forces **de contact** et les forces qui s'exercent **à distance**.

Représentation

Chaque action peut être modélisée par un **vecteur force** noté $\vec{F}$. Ce vecteur force se représente par une flèche et se caractérise par une **origine** (point d'application de la force), une **direction**, un **sens** (celui de l'action mécanique) et une **intensité** dont la valeur notée F est exprimée en **newtons**, symbole N.

Exemple :

L'homme exerce une action sur la caisse, action modélisée par le vecteur force $\vec{F}_{H/C}$.
Si cette force vaut 47 newtons, on écrit $F_{H/C} = 47$ N.

Effets d'une force

Une force qui s'exerce sur un système peut :

- contribuer à son équilibre, le système reste alors immobile ;
- mettre en mouvement ce système ;
- modifier son mouvement, la force modifie alors la trajectoire, ou la vitesse, ou les deux à la fois.

Influence de la masse du système

Lorsqu'une force modifie le mouvement d'un système, son effet dépend de la masse de ce système. Plus le système est léger, plus la modification de la trajectoire ou de la vitesse est importante.

Exemple : Si on lance deux objets de masses différentes, en exerçant la même force, le plus léger part plus loin car il acquiert plus de vitesse au départ : l'effet de la force est plus grand.

Méthode

Réaliser un diagramme objets-interactions

Solution : Pour faire l'inventaire des forces s'exerçant sur un système donné sans en oublier, on réalise un diagramme où l'on fait figurer les « objets » et les interactions entre ces objets.

• Représentation des objets en interaction :

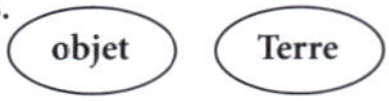

• Représentation des interactions :

– de contact

– à distance

Dans le premier exemple de la fiche (l'homme et la caisse), les objets en interaction sont l'homme, la caisse, l'air, le sol et la Terre.

Le diagramme objets-interactions est représenté ci-contre. Il est facile à partir de ce diagramme de faire l'inventaire des forces s'exerçant sur la caisse.

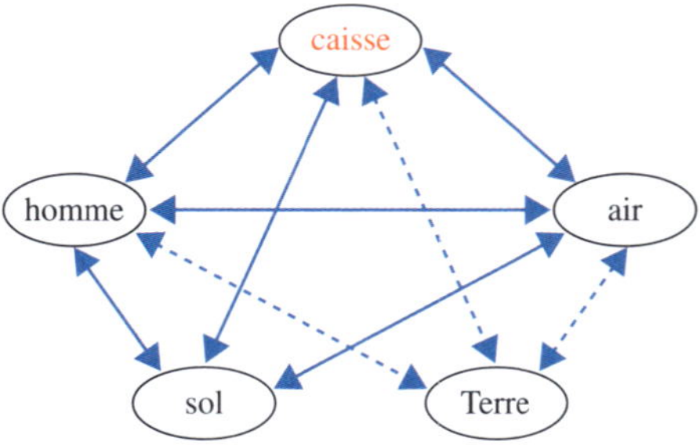

Le diagramme montre qu'elles sont au nombre de quatre :

• l'action de l'homme qui la pousse ;
• l'action de l'air ;
• l'action du sol qui la supporte ;
• l'action de la Terre qui l'attire (► Fiche 27).

Application

Une gymnaste lance un ballon.

a. Faire l'inventaire des forces exercées sur le ballon au moment du lancement.

b. Quel est l'effet de la force exercée par la gymnaste au moment du lancer ?

c. Faire l'inventaire des forces exercées sur le ballon lorsqu'il est en mouvement dans l'air.

d. Préciser l'effet de chacune des forces s'exerçant sur le ballon lancé en l'air.

26 LE PRINCIPE D'INERTIE

Rappel de cours

Énoncé du principe d'inertie

« Tout corps persévère dans son état de repos ou de mouvement rectiligne et uniforme si les forces qui s'exercent sur lui se compensent. »

Réciproquement, si les forces qui s'exercent sur un corps se compensent, alors il reste immobile ou conserve son mouvement en ligne droite et à vitesse constante. Ce principe est vérifié dans les référentiels terrestre et géocentrique.

L'inertie est la propriété d'un système à résister à un changement.

Exemple : Un palet qui glisse sur un plan horizontal sans frottement (ici vue de dessus).

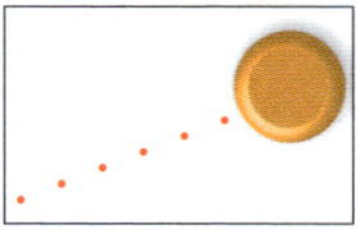

Remarque :

On peut indifféremment dire « un corps est soumis à des forces qui se compensent » ou « un corps n'est soumis à aucune force ». Car si les forces se compensent, tout se passe comme s'il n'y en avait pas.

Mouvement sans force

On a tendance à penser qu'une force est nécessaire pour entretenir un mouvement, c'est faux ! S'il n'y a aucune force ou si les forces se compensent, il peut y avoir un mouvement rectiligne et uniforme.

Caractéristiques de deux forces qui se compensent

Deux forces qui se compensent ont des **effets qui s'annulent** : elles ont même direction, des sens opposés et des valeurs égales.

Elles sont représentées par deux vecteurs de sens opposés et de même longueur.

Exemple : Le palet en mouvement rectiligne et uniforme est soumis à deux forces qui se compensent (vue de profil ici).

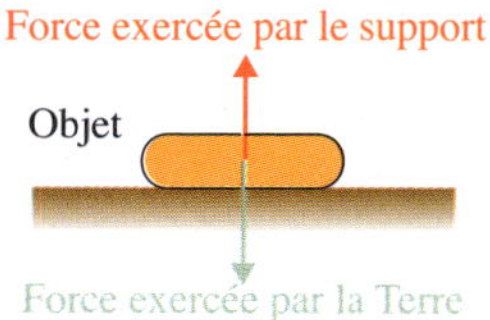

Quand les forces ne se compensent pas

Dans le référentiel terrestre, si les forces qui s'exercent sur l'objet ne se compensent pas alors l'objet a un mouvement non rectiligne ou non uniforme (il ne peut pas être au repos).

Méthode

Utiliser le principe d'inertie

Dans les situations suivantes, on considère le mouvement de quelques sportifs dans le référentiel terrestre :

- un **nageur** avance en ligne droite et à vitesse constante ;
- un **patineur** décrit un mouvement circulaire et uniforme ;
- un **coureur** est immobile dans ses starting-blocks ;
- un **parachutiste** descend verticalement à vitesse constante ;
- un **cycliste** accélère dans une montée en ligne droite.

Le système considéré (en gras) est-il soumis à des forces qui se compensent ?

Solution : En application du principe d'inertie, seuls les systèmes au repos ou ayant un mouvement rectiligne (en ligne droite) et uniforme (vitesse constante) sont soumis à des forces qui se compensent. Le nageur, le coureur et le parachutiste sont dans ce cas.

Identifier et représenter des forces

Nommer et représenter les forces s'exerçant sur un parachutiste pendant sa descente, dans le cas où son mouvement est rectiligne et uniforme.

Solution : L'homme (H) est soumis à deux forces : une force à distance qui est l'attraction exercée par la Terre (T) $\vec{F}_{T/H}$ et une force de contact exercée par le parachute (P) qui le supporte $\vec{F}_{P/H}$.

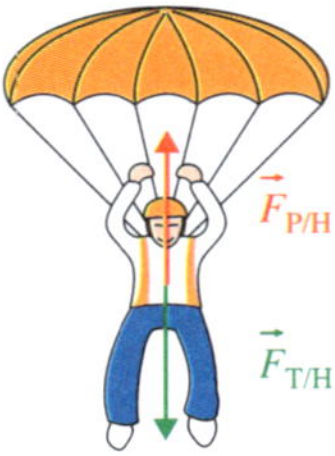

Si son mouvement est rectiligne et uniforme, alors d'après le principe d'inertie, ces forces se compensent : la force exercée par la Terre étant verticale et dirigée vers le bas, la force exercée par le parachute est verticale et dirigée vers le haut.

Application

1 On lance un palet sur la glace d'une patinoire horizontale. Il traverse la piste en ligne droite et s'immobilise 27 m plus loin. Citer les forces qui s'exercent sur le palet. Se compensent-elles ?

2 Expliquer pourquoi un passager debout dans un bus est « projeté » vers l'arrière au démarrage et vers l'avant au freinage.

Rappel de cours

La Lune est attirée par la Terre

Le mouvement de la Lune dans le référentiel géocentrique est circulaire et uniforme, l'application du principe d'inertie (▶ Fiche 26) permet d'affirmer qu'elle est soumise à une force attractive de la part de la Terre (sa trajectoire n'est pas rectiligne).

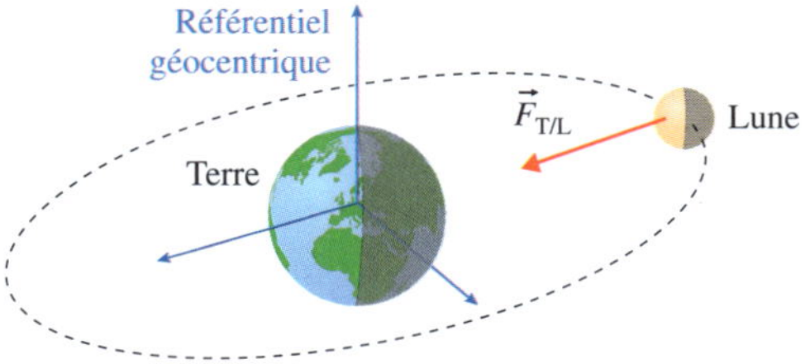

Cette force est la manifestation de **l'interaction gravitationnelle** entre deux corps régie par la loi de la gravitation universelle.

Loi de la gravitation universelle

Deux corps A et B s'attirent en exerçant l'un sur l'autre des forces de même intensité F, proportionnelle à leurs masses m_A et m_B et inversement proportionnelle au carré de la distance d qui les sépare.

$$F_{A/B} = F_{B/A} = F$$

$$F = \frac{G m_A m_B}{d^2}$$

F : intensité de la force de gravitation, en N
m_A et m_B : masses des corps A et B (en kg)
d : distance entre A et B (en m)
G est la constante de gravitation universelle :
$G = 6{,}67 \times 10^{-11}\ \mathrm{N \cdot m^2 \cdot kg^{-2}}$.

Exemple :

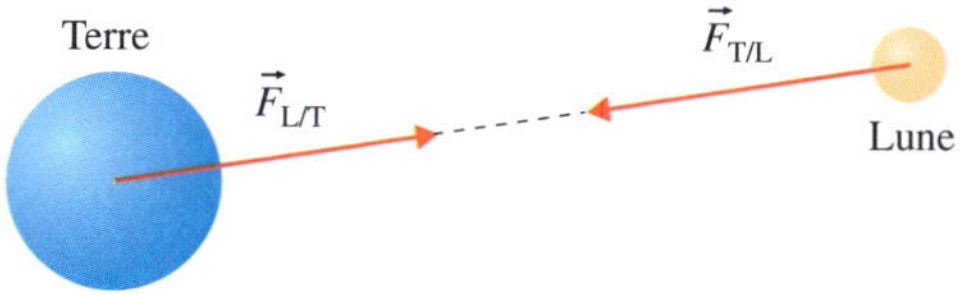

Remarque : cette expression n'est valable que pour des objets « ponctuels » (et pour ceux dont la taille est petite devant la distance qui les sépare) ou des objets à répartition sphérique de masse (astres ou objets sphériques, par exemple).

Méthode

Calculer la force d'attraction gravitationnelle

a. Calculer la force exercée par la Terre sur la Lune.
La force exercée par la Lune sur la Terre est-elle plus grande ou plus petite ?

b. Calculer la force exercée par la Terre sur une pomme proche du sol de masse 70 g.

c. Que peut-on dire de la force $\vec{F}$ d'attraction gravitationnelle entre deux pommes de 70 g séparées de 50 cm ?

Données : $M_{\text{Terre}} = 5{,}98 \times 10^{24}$ kg et $M_{\text{Lune}} = 7{,}35 \times 10^{22}$ kg ;
distance Terre-Lune $d = 3{,}84 \times 10^{8}$ m ;
Rayon de la Terre $R_{\text{T}} = 6\,380$ km.

Solution :

a. D'après la loi de la gravitation universelle :

$$F_{\text{T/L}} = \frac{6{,}67 \times 10^{-11} \times 5{,}98 \times 10^{24} \times 7{,}35 \times 10^{22}}{(3{,}84 \times 10^{8})^{2}} = 1{,}99 \times 10^{20}\ \text{N}.$$

La force exercée par la Lune sur la Terre a la même valeur que la force exercée par la Terre sur la Lune : $F_{\text{L/T}} = F_{\text{T/L}} = 1{,}99 \times 10^{20}$ N.

b. La distance à prendre en compte pour le calcul est la distance entre les milieux des objets, soit R_{T} : distance entre le centre de la Terre et la pomme.

$$F_{\text{T/P}} = \frac{6{,}67 \times 10^{-11} \times 5{,}98 \times 10^{24} \times 70 \times 10^{-3}}{(6{,}38 \times 10^{6})^{2}} = 0{,}69\ \text{N}.$$

c. $$F = \frac{6{,}67 \times 10^{-11} \times 70 \times 10^{-3} \times 70 \times 10^{-3}}{(0{,}50)^{2}} = 1{,}3 \times 10^{-12}\ \text{N}.$$

Cette force est extrêmement petite.

Application

1 Calculer la force exercée par la Terre sur votre corps.
Comment appelle-t-on cette force ?

2 Calculer la force exercée par le Soleil sur la Terre.

Données : masse du Soleil $1{,}98 \times 10^{30}$ kg ;
distance Terre-Soleil $1{,}50 \times 10^{8}$ km.

28 LA PESANTEUR ET LE POIDS

Rappel de cours

Caractéristiques du poids sur la Terre

Au voisinage de la Terre, tout objet de masse m est soumis à une action mécanique modélisée par une force appelée « poids » et notée $\vec{P}$.

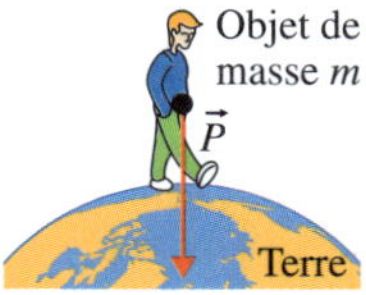

Ce poids s'applique au centre de gravité de l'objet, suivant la verticale et vers le bas.

L'intensité de sa valeur est proportionnelle à la masse de l'objet :

$$P = m \times g$$

P est en **N**, m en kg et g en $\text{N} \cdot \text{kg}^{-1}$
g est l'intensité de la pesanteur

Le poids résulte de l'attraction gravitationnelle de la Terre

Le poids $\vec{P}$ d'un objet peut être assimilé à la force gravitationnelle $\vec{F}$ exercée par la Terre,

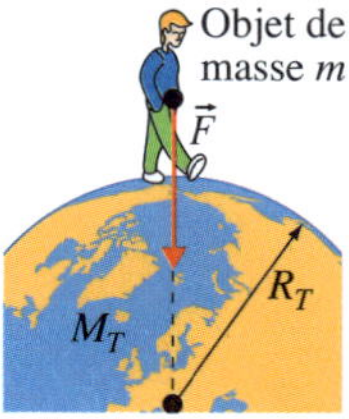

avec $P = mg$ et $F = F_{\text{T/O}} = \dfrac{GmM_\text{T}}{d^2}$.

Si $P = F$, alors $mg = \dfrac{GmM_\text{T}}{d^2}$,

en divisant par m, on trouve $\boldsymbol{g = \dfrac{GM_\text{T}}{d^2}}$.

Avec $d = R_\text{T} = 6\,380$ km $= 6{,}38 \times 10^6$ m et $M_{\text{Terre}} = 5{,}98 \times 10^{24}$ kg on a, à la surface de la Terre,

$$g = \frac{6{,}67 \times 10^{-11} \times 5{,}98 \times 10^{24}}{(6{,}38 \times 10^6)^2} = 9{,}80\ \text{N} \cdot \text{kg}^{-1}.$$

Le poids dépend de la position sur Terre

La masse m reste constante en tout point de la Terre mais la valeur de g varie selon l'endroit où l'on se trouve : le poids est donc différent.

Influence de la latitude :

$$g_{\text{Paris}} = 9{,}81\ \text{N} \cdot \text{kg}^{-1},\ g_{\text{Équateur}} = 9{,}79\ \text{N} \cdot \text{kg}^{-1}.$$

Influence de l'altitude : si l'objet s'éloigne du centre de la Terre, la valeur de g diminue donc le poids est plus faible (voir **méthode**).

La pesanteur sur la Lune

La pesanteur lunaire résulte de l'attraction gravitationnelle exercée par la Lune. L'intensité de pesanteur lunaire est $g = 1{,}62\ \text{N} \cdot \text{kg}^{-1}$ (environ six fois plus faible que sur la Terre).

Méthode

Calculer un poids en différents endroits

a. Déterminer la valeur du poids d'une personne de 57,3 kg lorsqu'elle se trouve à l'Équateur puis aux pôles.

b. Quel serait son poids sur la Lune ?

c. Comparer le poids sur la Lune au poids sur Terre.

Données : $g_{\text{Équateur}} = 9{,}79\ \text{N} \cdot \text{kg}^{-1}$;
$g_{\text{Pôles}} = 9{,}83\ \text{N} \cdot \text{kg}^{-1}$.

Solution :

a. $P = m \times g$; m est constante mais g dépend du lieu.

- $P_{\text{Équateur}} = m \times g_{\text{Équateur}} = 57{,}3 \times 9{,}79 = 561\ \text{N}$,
- $P_{\text{Pôles}} = m \times g_{\text{Pôles}} = 57{,}3 \times 9{,}83 = 563\ \text{N}$.

b. Sur la Lune : $P_{\text{Lune}} = m \times g_{\text{Lune}} = 57{,}3 \times 1{,}62 = 92{,}8\ \text{N}$.

c. Le rapport entre le poids moyen sur Terre et le poids lunaire est donné par $\boldsymbol{r = \dfrac{P_{\text{Terre}}}{P_{\text{Lune}}} = \dfrac{562}{92{,}8} = 6{,}06 \sim 6}$.

Attention ! Seul le poids est différent, la masse reste la même.

Déterminer l'intensité de pesanteur en un lieu donné

Le satellite Spot 4 (S) de masse m_S tourne autour de la Terre (T) de masse $M_T = 5{,}98 \times 10^{24}$ kg, à l'altitude constante de $h = 800$ km. Déterminer la valeur de l'intensité de pesanteur g à cette altitude.

Solution : En assimilant le poids $\vec{P}$ du satellite à la force gravitationnelle $\vec{F}_{T/S}$, on peut écrire :

$$P = m_S \times g = F_{T/S} = \frac{GM_T m_S}{d^2} = \frac{GM_T m_S}{(R_T + h)^2}.$$

En divisant par m_S, on peut déterminer g :

$$g = \frac{GM_T}{(R_T + h)^2} = 6{,}67 \times 10^{-11}\,\frac{5{,}98 \times 10^{24}}{(7{,}18 \times 10^6)^2} = 7{,}74.\ \ g = 7{,}74\ \text{N} \cdot \text{kg}^{-1}.$$

Application

1 Calculer la valeur de votre poids à Paris et sur la Lune avec $g_T = 9{,}81\ \text{N} \cdot \text{kg}^{-1}$ et $g_L = 1{,}62\ \text{N} \cdot \text{kg}^{-1}$.

2 Retrouver la valeur de l'intensité de pesanteur sur le sol de la Lune en assimilant le poids lunaire à la force gravitationnelle.

Données : masse de la Lune $M_L = 7{,}3 \times 10^{22}$ kg ;
rayon lunaire $R_L = 1\ 740\ \text{km} = 1{,}74 \times 10^6$ m.

29 MOUVEMENTS AUTOUR DE LA TERRE

Rappel de cours

Trajectoire d'un projectile

Un projectile lancé au voisinage de la Terre est soumis à deux forces : son poids $\vec{P}$ (▶ Fiche 28) et l'action de l'air.
Si l'action de l'air est négligeable, il n'est soumis qu'à son poids et on dit alors qu'il est en **chute libre**.

Exemple : Chronophotographie d'une chute libre, la balle 1 est lâchée sans vitesse et la balle 2 est lancée horizontalement.

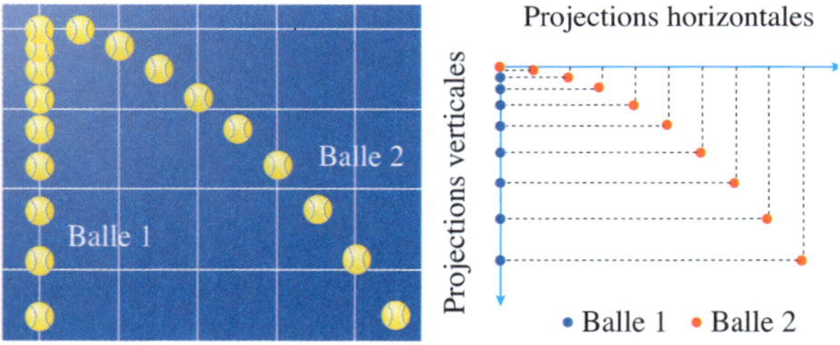

• Le poids s'exerce suivant la verticale : il modifie la vitesse de l'objet suivant la verticale alors qu'elle reste constante suivant l'horizontale.
• La trajectoire d'un objet dépend de la vitesse initiale et de la direction du lancement.

Du projectile au satellite

Un satellite est un projectile lancé autour de la Terre, il n'est soumis qu'à la force d'attraction gravitationnelle dirigée vers le centre de la Terre.

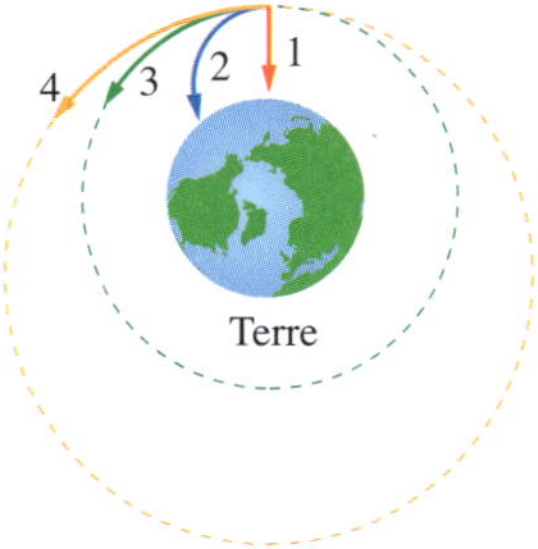

• Si sa vitesse est insuffisante, il retombe sur Terre (situations **1** et **2**).
• Si sa vitesse est suffisante, son mouvement de chute le maintient en orbite autour de la Terre (situations **3** et **4**).

Remarque : dans le référentiel géocentrique, le mouvement de la Lune est quasi circulaire et uniforme. La valeur de sa vitesse lui permet de se maintenir sur son orbite tout en restant sous l'action de l'attraction gravitationnelle de la Terre (situation **3**).

Méthode

Analyser le mouvement d'un projectile en chute libre

Le document **1** montre le mouvement d'un projectile lancé avec différentes vitesses initiales.

a. Classer ces vitesses dans l'ordre croissant.

Le document **2** montre les mouvements d'un projectile lancé avec la même vitesse sous différentes inclinaisons.

b. Comparer ces mouvements.

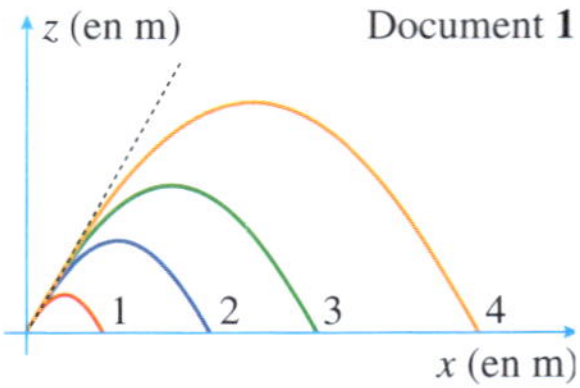

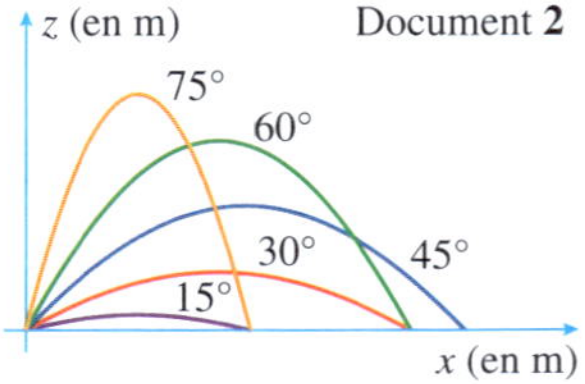

Solution :

a. Si la vitesse initiale est plus élevée, le projectile va plus loin :

$v_4 > v_3 > v_2 > v_1$.

b. La portée dépend de l'inclinaison initiale. Si l'inclinaison est faible, le tir est tendu. Si elle est grande, le tir est en cloche. La portée maximale est obtenue avec un angle de 45°.

Application

Le schéma ci-contre montre le mouvement d'un satellite d'observation de la Terre : les différents points indiquent sa position à intervalles de temps réguliers.

a. Analyser le mouvement du satellite.

b. Représenter la force de gravitation exercée par la Terre : $\vec{F}_{T/S}$.

Comparer la direction de $\boldsymbol{F}_{T/S}$ avec la trajectoire.

c. Quel serait son mouvement en l'absence de cette force ? Justifier.
Quelle est l'influence de cette force sur la valeur de sa vitesse ?
Quelle est l'influence de cette force sur sa trajectoire ?

30 MESURE DU TEMPS ET ASTRONOMIE

Rappel de cours

Pour se repérer dans le temps, l'Homme a d'abord utilisé la périodicité des phénomènes astronomiques : ces phénomènes se répètent à intervalles de temps réguliers, ils sont **périodiques** (voir schémas de la fiche 39).

L'alternance des jours et des nuits

Dans le référentiel géocentrique, le mouvement de rotation de la Terre sur elle-même est à l'origine de l'alternance des jours et des nuits qui permet de définir la durée d'un jour : le jour solaire est la durée qui sépare deux passages successifs du Soleil dans le plan du méridien du lieu d'observation (midi solaire). **Le jour solaire dure 24 h.**

Les phases de la Lune

Suivant sa position par rapport à la Terre et au Soleil, la Lune éclairée par le Soleil change d'aspect de jour en jour pour un observateur terrestre : ce sont les phases de la Lune. La **période de révolution synodique** appelée lunaison est la durée qui sépare deux nouvelles lunes successives : **la lunaison dure 29,5 jours.**

L'année et les saisons

Dans le référentiel héliocentrique, la Terre tourne sur elle-même et autour du Soleil selon une trajectoire quasi circulaire dans un plan appelé **plan de l'écliptique.** L'année tropique est la durée nécessaire à la Terre pour boucler sa trajectoire autour du Soleil : **l'année tropique dure 365,24 jours.** L'inclinaison de l'axe de rotation de la Terre sur elle-même par rapport au plan de l'écliptique est responsable du phénomène des saisons.

La mesure du temps

Les phénomènes astronomiques ont été utilisés pour mesurer le temps et élaborer différents calendriers.

Exemples : le mouvement du Soleil est utilisé dans les cadrans solaires (ci-contre) ; les phases de la Lune sont à l'origine du découpage de l'année en 12 mois (voir méthode).

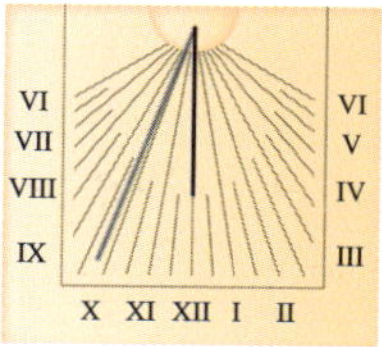

Méthode

Convertir des durées

Exprimer en seconde les durées d'un jour solaire, d'une lunaison et d'une année tropique.

Solution : Un jour dure 24 h = 24 × 60 min = 24 × 60 × 60 s = 86 400 s.
Une lunaison dure 29,5 jours soit 29,5 × 86 400 s = $2{,}55 \times 10^6$ s.
Une année dure 365,24 jours soit $365{,}24 \times 8{,}64 \times 10^4$ s = $3{,}16 \times 10^7$ s.

Étudier les phases de la Lune

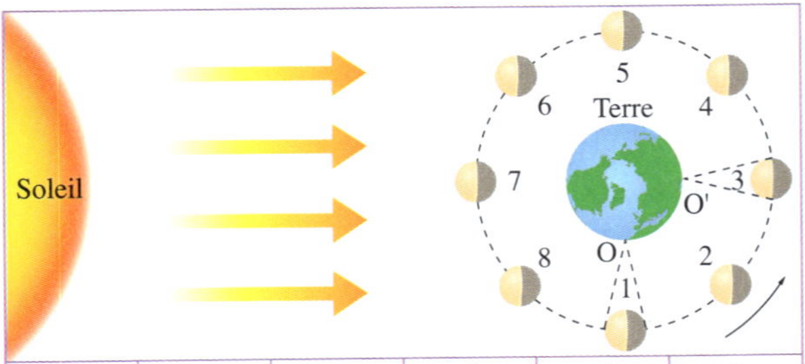

Position	1	3	5	6	7
Vue de la Terre					

Solution : Le Soleil éclaire la Lune au cours de son mouvement circulaire autour de la Terre. Au cours d'une lunaison, suivant sa position par rapport à la Terre et au Soleil, la Lune apparaît sous différents aspects, appelés phases.
En position **1**, la face visible de la Lune apparaît à moitié éclairée pour un observateur terrestre placé en O : c'est le premier quartier.
En position **3**, la Lune apparaît entièrement éclairée pour un observateur placé en O' : c'est la pleine Lune.

Application

1 En vous aidant du schéma du dessus, associer les phases **A**, **B** et **C** de la Lune représentées ci-contre aux positions **2**, **4** ou **8** de la Lune en mouvement autour de la Terre.

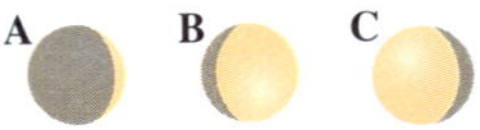

2 Exprimer en heures la période de révolution synodique de la Lune (lunaison) qui est égale à 29 j 12 h 44 min.

31 MESURE DU TEMPS ET HORLOGES

Rappel de cours

L'unité de temps dans le système international d'unités est la seconde (s). La mesure des durées nécessite l'utilisation d'un phénomène périodique.

Période et fréquence

• La période d'un phénomène périodique est la plus petite durée nécessaire pour qu'il se reproduise de manière identique.
La période est notée T et se mesure en seconde (s).

• La fréquence d'un phénomène est le nombre de fois qu'il se répète par unité de temps.
La fréquence est notée f et se mesure en Hertz (Hz).

La fréquence est l'inverse de la période : $f = \frac{1}{T}$ et $T = \frac{1}{f}$.

Exemple : Si un phénomène se reproduit 10 fois par seconde, sa fréquence est $f = 10$ Hz et sa période est $T = \frac{1}{f} = \frac{1}{10} = 0{,}10$ s.

Les dispositifs de mesure

• Les **premiers dispositifs** construits par l'homme utilisent le mouvement apparent du Soleil (cadran solaire), l'écoulement de l'eau (clepsydre) ou du sable (sablier).

• Les **premières horloges** utilisent les oscillations d'un dispositif mécanique : le balancier d'une horloge a un mouvement de pendule.

• Les **horloges actuelles** utilisent les oscillations d'un dispositif électrique : un cristal de quartz impose la période des oscillations électriques dans les chronomètre.

La seconde est définie grâce aux oscillations d'atomes de césium 133 utilisés dans une horloge atomique.

Le pendule simple

Un pendule simple est constitué d'une masse suspendue à l'extrémité d'un fil de longueur OA donnée. Ses petites oscillations sont périodiques et permettent la mesure du temps, leur période ne dépend que de la longueur OA du pendule.

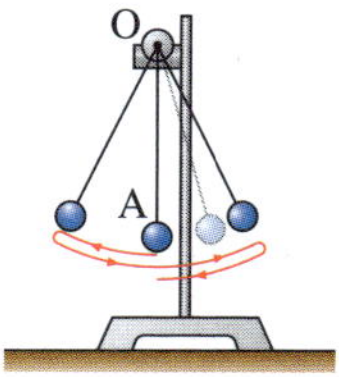

Méthode

Utiliser l'oscilloscope pour mesurer une période

Les oscillations d'un pendule sont visualisées à l'aide d'un oscilloscope.

La durée de balayage horizontal est de 0,2 s · div^{-1}.

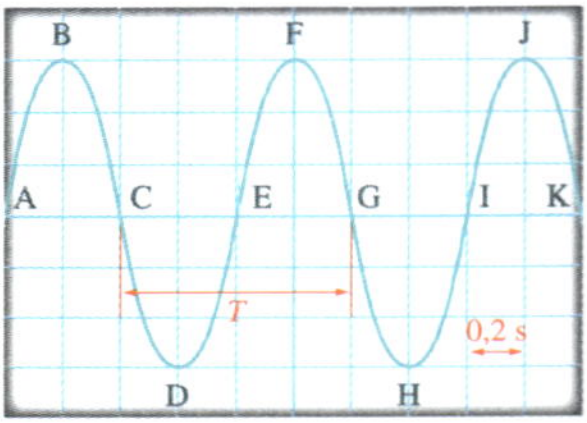

a. Comment peut-on déterminer le plus précisément possible la valeur d'une période *T* ?

b. Déterminer la valeur de la période des oscillations du pendule.

c. Calculer la fréquence du phénomène.

Solution :

a. Pour déterminer le plus précisément possible une période, il faut mesurer la durée correspondant à plusieurs périodes : ici entre A et I on visualise deux périodes.

b. La valeur de la période *T* est déduite de la lecture précédente : entre A et I, deux périodes correspondent à 8,0 divisions, donc

$2 \times T = 8{,}0 \times 0{,}2 = 1{,}6$ s d'où $T = \frac{1{,}6}{2} = 0{,}80$ s.

c. La fréquence est $f = \frac{1}{T} = \frac{1}{0{,}80} = 1{,}25$ Hz.

Application

L'électrocardiogramme enregistre l'activité du cœur.

L'enregistrement ci-dessous montre la périodicité du phénomène.

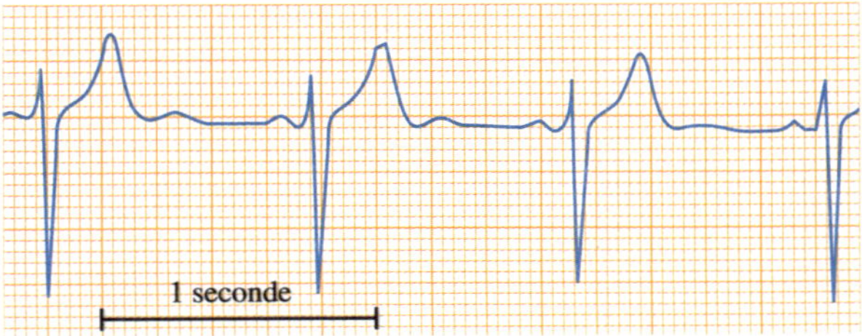

a. Déterminer le plus précisément possible la période du signal.

b. Calculer sa fréquence.

c. En déduire le rythme cardiaque de la personne sur une minute.

32 DESCRIPTION DE L'ÉTAT GAZEUX

Rappel de cours

Observations expérimentales

Les gaz sont plus **compressibles** que les liquides et les solides (on peut facilement diminuer leur volume) et ils occupent tout le volume qui leur est offert : ils se répandent par **diffusion**.

Aspect microscopique

Un gaz est constitué de molécules de petite dimension par rapport à la distance qui les sépare (**modèle moléculaire** du gaz).

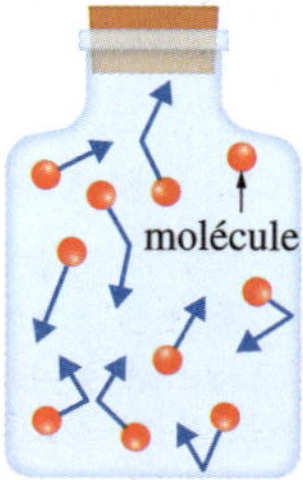

Elles sont dispersées et animées d'un mouvement rapide et désordonné. Leur vitesse moyenne est de l'ordre de 500 $m \cdot s^{-1}$. Elles s'entrechoquent et se cognent contre les parois du récipient qui les contient.

Cette agitation incessante est appelée **agitation thermique**.

Exemple : L'air qui nous entoure est un mélange de plusieurs gaz. L'air sec contient environ 78 % de diazote (N_2), 21 % de dioxygène (O_2) et 1 % d'autres gaz.

Aspect macroscopique

Pour décrire et modéliser le comportement global d'un gaz, on utilise des grandeurs macroscopiques (à notre échelle) :

• la quantité de gaz est mesurée par **la quantité de matière *n*** en « mol » (▶ Fiche 12) ;
• l'espace occupé par le gaz est mesuré par **le volume *V*** en m^3 ;
• les chocs occasionnés par le mouvement des molécules sont à l'origine de la **pression *P*** en Pa (▶ Fiche 33) ;
• l'agitation microscopique ou thermique est mesurée par **la température *T*** en K (▶ Fiche 34).

Loi d'Avogadro-Ampère

Dans les mêmes conditions de pression et de température, des volumes égaux de différents gaz contiennent le même nombre de molécules.

Méthode

Connaître la structure des gaz

Décrire une expérience simple permettant d'illustrer la compressibilité de l'air. Interpréter cette propriété à l'échelle microscopique.

Solution :

Si l'on enferme de l'air dans une seringue, on peut facilement déplacer son piston pour diminuer le volume occupé par le gaz : l'air est compressible. À l'échelle microscopique, cette propriété est due à l'espace vide entre les molécules qui peut facilement être réduit.

Comparer deux gaz

Dans les mêmes conditions de pression et de température, deux flacons de même volume contiennent deux gaz différents.
La masse de gaz dans chaque flacon a été déterminée par pesée.

Flacon	Gaz	Masse molaire	Volume de gaz	Masse de gaz
N° 1	O_2	32 g · mol^{-1}	1 L	1,34 g
N° 2	CO_2	44 g · mol^{-1}	1 L	1,85 g

a. Déterminer la quantité de matière de gaz dans chaque flacon.

b. Quelle est la loi vérifiée par ces mesures expérimentales ?

Solution :

a. La quantité de matière se calcule par la relation $n = \dfrac{m}{M}$.

- $n(O_2) = \dfrac{m(O_2)}{M(O_2)} = \dfrac{1,34}{32} = 0,042 = 4,2 \times 10^{-2}$ mol ;
- $n(CO_2) = \dfrac{m(CO_2)}{M(CO_2)} = \dfrac{1,85}{44} = 0,042 = 4,2 \times 10^{-2}$ mol .

b. Dans les mêmes conditions de pression et de température, le même volume des deux gaz contient la même quantité de matière, donc le même nombre de molécules : c'est la loi d'Avogadro-Ampère.

Application

1 Citer quelques gaz et donner leur formule moléculaire brute.

2 Pourquoi perçoit-on à distance le parfum d'une fleur ?

33 NOTION DE PRESSION

Rappel de cours

Origine microscopique de la pression

L'agitation des molécules de gaz produit des chocs sur les parois du récipient qui le contient.

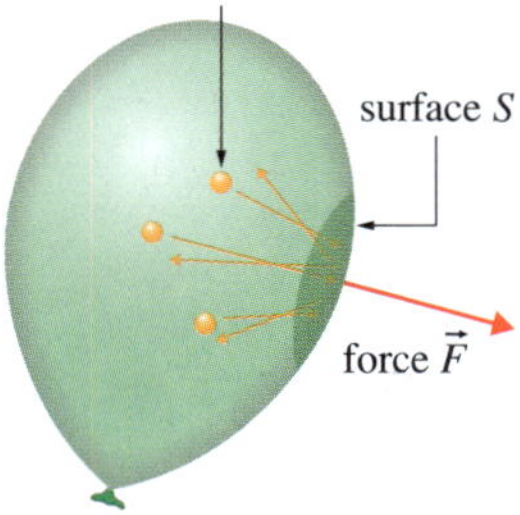

À l'échelle macroscopique

La résultante de ces chocs est une **force pressante $\vec{F}$**, orthogonale à la paroi et proportionnelle à la surface S considérée. Cette force est d'autant plus grande que le nombre de molécules, leur masse et leur vitesse sont élevés.

Définition de la pression

Les chocs dus au mouvement des molécules sont à l'origine de la pression, grandeur macroscopique définie par la relation :

$$\boldsymbol{P = \frac{F}{S}}$$

- P est la pression, en Pa.
- F est la force pressante, en N.
- S est la surface sur laquelle elle s'applique, en m^2.

L'unité légale de pression est le **pascal**, symbole **Pa**.
On utilise aussi comme unités de mesure **l'hectopascal** (1 hPa = 100 Pa) et le **bar** (1 bar = 10^5 Pa = 1 000 hPa).

La pression atmosphérique

L'air qui nous entoure exerce des forces pressantes sur tous les objets. Cette **pression de l'air** est appelée **pression atmosphérique**. Elle peut varier de quelques hectopascals autour d'une valeur moyenne proche de **10^5 Pa = 1 000 hPa**.

Appareil de mesure

La pression se mesure avec un **manomètre**.
- Un manomètre **absolu** indique la pression réelle du gaz : P_{gaz}.
- Un manomètre **différentiel** indique la différence entre la pression du gaz et la pression atmosphérique : $P_{indiquée} = P_{gaz} - P_{atm}$.

Remarque : le manomètre utilisé pour mesurer la pression atmosphérique est appelé **baromètre**.

Méthode

Utiliser la relation $P = \frac{F}{S}$

Calculer la force pressante exercée par l'air extérieur sur une vitre de dimension 25 cm × 25 cm, si la pression atmosphérique est de 1 020 hPa. Pourquoi cette vitre ne se brise-t-elle pas ?

Solution : En utilisant la relation de définition de la pression, on a :
$F = P \times S$ avec $S = 0{,}25 \text{ m} \times 0{,}25 \text{ m} = 6{,}25 \times 10^{-2} \text{ m}^2$;
$P = 1\,020 \text{ hPa} = 1{,}02 \times 10^5 \text{ Pa}$ d'où
$F = P \times S = 1{,}02 \times 10^5 \times 6{,}25 \times 10^{-2} = 6\,375 = 6\,400 \text{ N}$.

La vitre ne se brise pas car la pression atmosphérique est la même à l'intérieur, elle exerce aussi une force pressante dans l'autre sens.

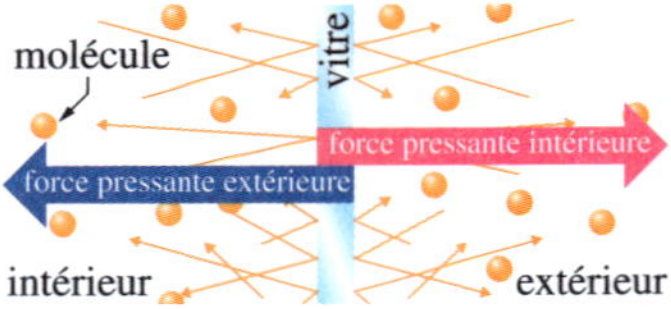

Mesurer une pression

Quelle est la pression réelle dans un pneu de voiture si le manomètre différentiel utilisé indique 2,2 bars alors que la pression atmosphérique est de 1 000 hPa ?

Solution : Le manomètre différentiel indique la différence entre la pression du gaz P_{gaz} et la pression atmosphérique P_{atm} :
$P_{indiquée} = P_{gaz} - P_{atm}$ d'où $P_{gaz} = P_{indiquée} + P_{atm}$.
$P_{gaz} = 2{,}2 \times 10^5 + 1{,}0 \times 10^5 = 3{,}2 \times 10^5 \text{ Pa}$.
La pression réelle est donc $P_{gaz} = 3{,}2$ bars.

Application

1 Lorsque l'on gonfle davantage un ballon déjà gonflé, il devient plus dur.
a. Que se passe-t-il à l'échelle microscopique ?
b. Parmi les grandeurs macroscopiques suivantes, n, V, T et P, indiquer celles qui ont évolué et préciser dans quel sens.

2 Un avion vole à 10 km d'altitude où la pression atmosphérique extérieure est de 300 hPa. À l'intérieur, la pression est de 800 hPa.
a. Calculer les valeurs des forces pressantes exercées sur chaque face d'un hublot de 0,10 m².
b. Quelles sont les caractéristiques de la résultante de ces deux forces ?

34 NOTION DE TEMPÉRATURE

Rappel de cours

Origine microscopique de l'état thermique

Les particules constituant la matière sont en constante agitation. Lorsqu'un corps s'échauffe, le mouvement des particules qui le constituent est plus rapide : cette agitation caractérise **l'état thermique**.

À l'échelle macroscopique

La température est la grandeur qui mesure l'état thermique : plus l'agitation microscopique est grande, plus la température est élevée.

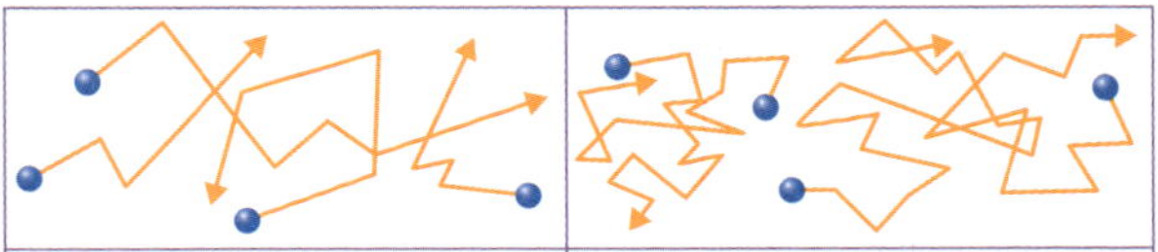

Faible agitation : basse température	Grande agitation : température élevée

La température est mesurée à l'aide d'un thermomètre souvent gradué en degré Celsius (°C).

Échelles de température

L'agitation microscopique tend à disparaître lorsque la température tend vers – 273,15 °C : cette valeur définit le zéro d'une échelle absolue ou échelle **Kelvin**. Au degré près, la température en degrés Celsius et la température absolue en kelvins sont liées par les relations :

$$\boldsymbol{\theta\,(°C) = T(K) - 273 \quad \text{et} \quad T(K) = \theta\,(°C) + 273}$$

Équilibre thermique

Deux corps en contact sont en équilibre thermique si leurs températures sont égales. Pour mesurer la température d'un corps, il faut attendre que la sonde du thermomètre soit en équilibre thermique avec ce corps.

Grandeur thermométrique

Le principe d'un thermomètre est d'utiliser un phénomène physique au cours duquel une grandeur varie en fonction de la température.

Exemples :

- Thermomètre utilisant une dilatation de liquide ou de solide ;
- thermomètre électronique utilisant une variation de résistance ;
- thermomètre à infrarouge utilisant l'émission d'un rayonnement.

Méthode

Utiliser la relation entre θ (en °C) et T (en K)

Compléter le tableau suivant :

Température	θ	*T*
Fusion de l'eau	0 °C	
Ébullition de l'eau	100 °C	
Fusion de l'or		1 337 K
Ébullition de l'oxygène		90 K

Solution : Le passage de la valeur en degré Celsius à la valeur en kelvin se fait par la relation $T(\text{K}) = \theta(°\text{C}) + 273$.
En sens inverse, $\theta(°\text{C}) = T(\text{K}) - 273$.
Ce qui permet de compléter le tableau de haut en bas avec les valeurs suivantes : 273 K, 373 K, 1 064 °C et –183 °C.

Application

1 La sonde d'un thermomètre électronique contient une thermistance dont la résistance *R* dépend de la température θ suivant la courbe ci-contre.

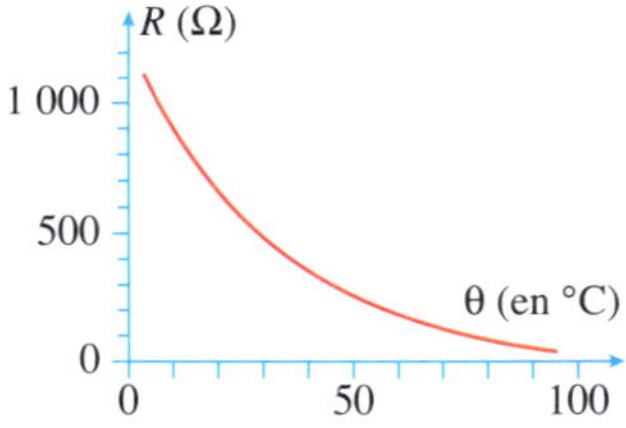

a. La résistance de la thermistance mesurée au laboratoire est de 600 Ω. Quelle est la température du laboratoire ?
b. La variation de *R* est-elle la même à toutes les températures pour une augmentation de 1 °C ?
c. La précision de l'appareil dépend-elle de la température ?

2 Un thermomètre d'appartement contient de l'alcool coloré. Lorsque la température augmente, le niveau d'alcool se déplace dans le tube.

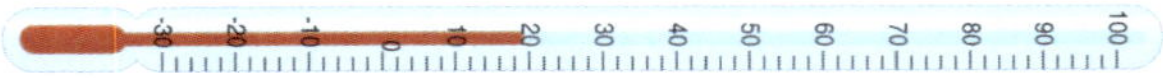

a. Comment varie le volume d'alcool si la température augmente ?
b. Quel est le phénomène utilisé par ce thermomètre ?
c. Pourquoi utilise-t-on un tube fin ? Pourquoi colorer l'alcool ?

35 ÉQUATION D'ÉTAT DU GAZ PARFAIT

Rappel de cours

Observations expérimentales

Pour décrire le comportement d'un gaz, on utilise les grandeurs macroscopiques : $\boldsymbol{n}$ (mol), $\boldsymbol{V}$ (m^3), $\boldsymbol{P}$ (Pa) et $\boldsymbol{T}$ (K) (▶ Fiche 32).

• **Loi de Boyle-Mariotte** : pour une même quantité de gaz n, et à température constante, le produit de sa pression P par son volume V est constant.

$\boldsymbol{P \times V = k}$ k = constante	Si le volume est divisé par deux, alors la pression est multipliée par deux.

• **Influence de la quantité de matière :** à température constante, le produit $P \times V$ est proportionnel à n.

$\boldsymbol{P \times V = k' \times n}$ k′ = constante	Si la quantité de matière n est multipliée par deux, alors le produit $P \times V$ est multiplié par deux.

• **Influence de la température :** pour une même quantité de gaz n, le produit $P \times V$ est proportionnel à la température T en K.

$\boldsymbol{P \times V = k'' \times T}$ k″ = constante	Si la température (en K) est multipliée par deux, alors le produit $P \times V$ est multiplié par deux.

Modèle du gaz parfait

Dans les conditions habituelles de pression et de température, tous les gaz ont pratiquement le même comportement modélisé par une équation générale qui remplace les précédentes.

Équation d'état du gaz parfait $\boldsymbol{P \times V = n \times R \times T}$	P est la pression en pascals : Pa. V est le volume en mètres cubes : m^3. n est la quantité de matière en moles : mol. T est la température en kelvin : K. R est la constante des gaz parfaits : $R = 8{,}31\ Pa \cdot m^3 \cdot K^{-1} \cdot mol^{-1}$.

Remarque : le plus souvent, l'air peut être assimilé à un gaz parfait.

Conséquence

Le **volume molaire** V_m d'un gaz ne dépend pas de sa nature mais seulement des conditions de pression et de température (loi d'Avogadro-Ampère, ▶ Fiche 32). Pour les gaz parfaits, si $P = 1{,}013 \times 10^5$ Pa et $T = 273{,}15$ K : le volume molaire est $\boldsymbol{V_m = 22{,}4\ L \cdot mol^{-1}}$.

Méthode

Déterminer le volume molaire des gaz

En utilisant l'équation d'état du gaz parfait, calculer la valeur du volume molaire des gaz dans les conditions normales de pression et de température (CNPT) : $P = 1{,}013 \times 10^5$ Pa et $\theta = 0{,}0$ °C.
Que devient cette valeur à $\theta = 20$ °C ?

Solution : D'après l'équation du gaz parfait, $P \times V = n \times R \times T$, donc $V = \frac{n \times R \times T}{P}$. Pour une mole de gaz, $n = 1$, donc $V_m = \frac{R \times T}{P}$.

À 0 °C, $T = 273$ K et $V_m = \frac{8{,}31 \times 273}{1{,}013 \times 10^5} = 0{,}0224\ \text{m}^3 \cdot \text{mol}^{-1}$.

Dans les CNPT, pour un gaz parfait, $V_m = 22{,}4$ L · mol.
$V_m = 22{,}4\ \text{L} \cdot \text{mol}^{-1}$.
À 20 °C, $T = 293$ K et $V_m = \frac{8{,}31 \times 293}{1{,}013 \times 10^5} = 24{,}0\ \text{L} \cdot \text{mol}^{-1}$.

Utiliser l'équation d'état du gaz parfait

Un ballon sonde est gonflé avec de l'hélium à la pression de $1{,}20 \times 10^5$ Pa et à la température de 15 °C. Son volume au niveau du sol est de 3,8 m³. Lorsque le ballon s'élève en altitude, la pression et la température de l'hélium diminuent progressivement.
Quelle est la valeur de la pression du gaz lorsque le volume vaut 6,1 m³ et la température – 40 °C ?

Solution : D'après l'équation du gaz parfait, $P \times V = n \times R \times T$, si la quantité de gaz reste constante, alors le produit $n \times R = \frac{P \times V}{T}$ ne varie pas.

Soit P_1, V_1, T_1 les valeurs au niveau du sol et P_2, V_2, T_2 en altitude :

$$\frac{P_1 \times V_1}{T_1} = \frac{P_2 \times V_2}{T_2} \text{ donc } P_2 = \frac{P_1 \times V_1 \times T_2}{T_1 \times V_2} = \frac{1{,}20 \times 10^5 \times 3{,}8 \times 233}{288 \times 6{,}1}$$

d'où $P_2 = 6{,}0 \times 10^4$ Pa (soit deux fois moins qu'au sol).

Application

Une bouteille en acier de 12 litres est remplie d'air comprimé. Le manomètre indique une pression intérieure de 177 bars à la température de 20 °C.

a. Indiquer les valeurs des grandeurs en unités légales.

b. Calculer la quantité de matière d'air contenu dans la bouteille.

c. Quel est le volume d'air respirable s'il est détendu à la pression atmosphérique de 1 013 hPa, en restant à 20 °C ?

36 ÉCRIRE UNE VALEUR NUMÉRIQUE

En sciences expérimentales, toute mesure est inévitablement entachée d'une incertitude qui dépend de l'appareil utilisé, de l'expérimentateur, de l'objet ou de la méthode suivie… Comment écrire raisonnablement les valeurs numériques obtenues ?

L'incertitude absolue

Cette incertitude indique l'intervalle dans lequel se situe la valeur exacte de la grandeur mesurée.

Exemple : La mesure de la longueur L d'une feuille de format A_4 avec une règle graduée au mm permet une mesure à 1 mm près. Si la valeur mesurée est 297 mm, alors on peut écrire que $L = 297 \pm 1$ mm.

La valeur exacte est donc comprise dans l'intervalle :

$$296 \text{ mm} < L_{\text{exacte}} < 298 \text{ mm}.$$

L'incertitude relative

Elle est égale au quotient de l'incertitude absolue par la valeur de la mesure et s'exprime en %.

Exemple : Une incertitude absolue de 1 mm pour une mesure de 297 mm correspond à une incertitude relative de :

$$\frac{1}{297} = 0{,}0034 = 0{,}34\ \%.$$

Écriture du résultat d'une mesure

L'écriture de la valeur numérique d'une grandeur est donnée avec un nombre de chiffres en rapport avec l'incertitude liée à sa détermination.

Exemples :

• Si l'on utilise une règle graduée tous les cm pour mesurer la largeur d'une feuille A_4, on trouve $l = 21 \pm 1$ cm. Le résultat est écrit sous la forme $l = 21$ cm et l'on dit qu'il est exprimé avec deux chiffres significatifs.

• Si l'on utilise une règle graduée tous les mm pour mesurer la largeur d'une feuille A_4, on trouve $l = 21{,}0 \pm 0{,}1$ cm. Le résultat est écrit sous la forme $l = 21{,}0$ cm et l'on dit qu'il est exprimé avec trois chiffres significatifs.

Quels sont les chiffres significatifs ?

Les écritures 297 mm, 29,7 cm et 0,297 m sont équivalentes : ces nombres comportent trois chiffres significatifs (le chiffre 0 placé à gauche ne compte pas).

Exemple : Mesure de la largeur d'une feuille A_4.

Précision	Écriture	Nombre de chiffres significatifs
1 cm	21 cm	2
0,1 cm	21,0 cm	3 (le 0 placé à droite de la virgule compte aussi)
0,01 cm	21,02 cm	4

Écriture du résultat d'un calcul

Le résultat d'un calcul ne peut pas être plus précis que les données utilisées. Il s'écrit avec le même nombre de chiffres significatifs que la donnée la moins précise.

Exemple : Le calcul de la surface d'une feuille de longueur $L = 29{,}7$ cm et de longueur $l = 21{,}02$ cm s'écrit :

$$S = L \times l = 29{,}7 \times 21{,}02 = 624{,}294 \text{ cm}^2.$$

Les valeurs des données possédant trois et quatre chiffres significatifs, le résultat sera donc exprimé avec seulement trois chiffres significatifs, soit $S = 624 \text{ cm}^2$.

Remarque : le plus souvent, les résultats sont exprimés avec trois chiffres significatifs.

Intérêt de la notation scientifique

Écrire les valeurs numériques en utilisant les puissances de 10 présente plusieurs avantages.

- **Le nombre de chiffres significatifs apparaît plus clairement.**

Exemple : La valeur du diamètre de la Terre $D_T = 12\ 800$ km $= 1{,}28 \times 10^7$ m est écrite avec trois chiffres significatifs.

- **L'ordre de grandeur est donné par la puissance de 10.**

Exemple : Si $D_T = 1{,}28 \times 10^7$ m, l'ordre de grandeur du diamètre de la Terre est de 10^7 m.

- **Il est facile de comparer des ordres de grandeur** en faisant le rapport des puissances de 10 (▶ Fiche 16).

Exemple : Le diamètre de Jupiter est $D_J = 143\ 000$ km $= 1{,}43 \times 10^8$ m. Son ordre de grandeur est donc 10^8 m et la comparaison avec la Terre est donnée par le rapport $\frac{10^8}{10^7} = 10$.

Jupiter est environ 10 fois plus grosse que la Terre.

Verrerie de contenance

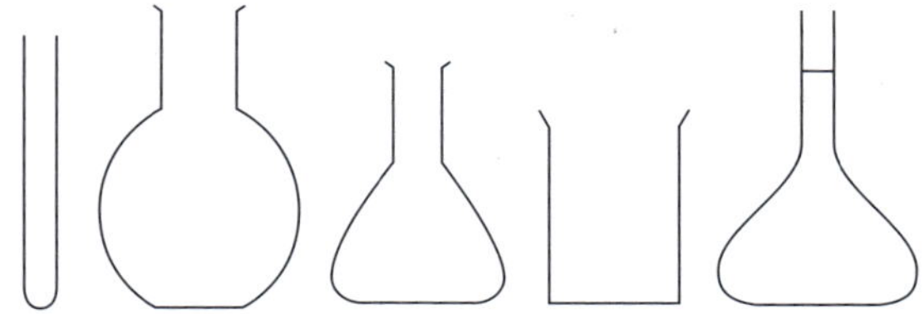

Tube à essai — Ballon — Erlenmeyer — Bécher — Fiole jaugée

Verrerie de prélèvement

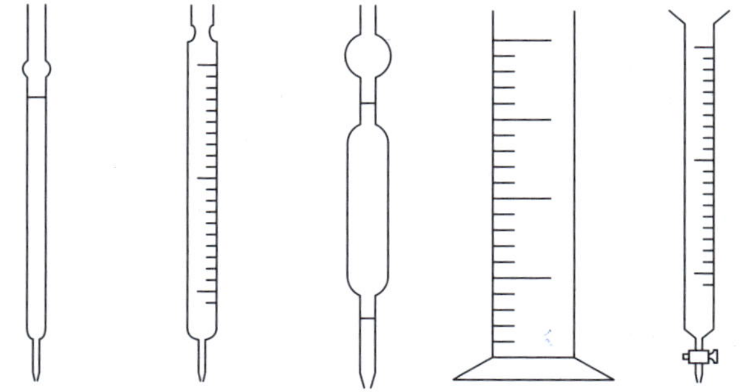

Pipette simple — Pipette graduée — Pipette jaugée — Éprouvette graduée — Burette graduée

Autres instruments

Verre à pied — Cristallisoir — Entonnoir

Ampoule à décanter

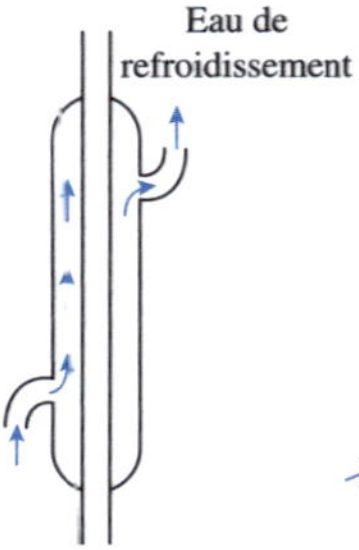

Réfrigérant droit

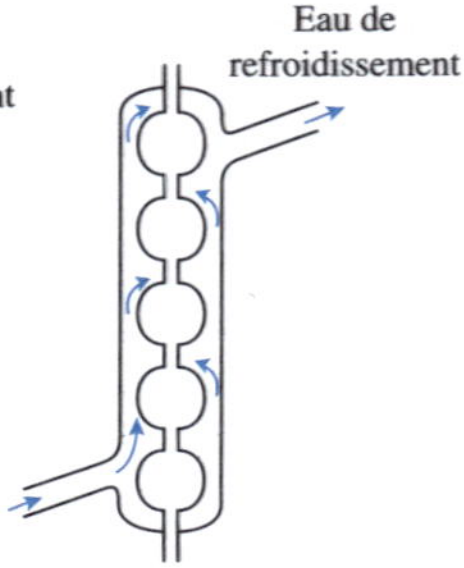

Réfrigérant à boules

Montage d'hydrodistillation

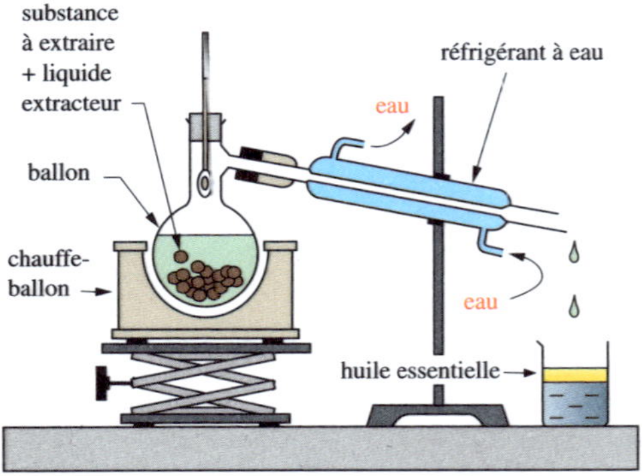

Montage de chauffage à reflux

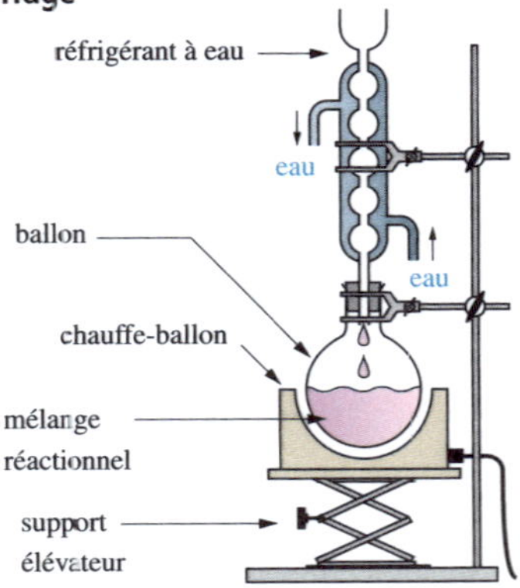

Prélever une quantité de matière

• Peser un solide

Pour prélever n moles d'une espèce solide de masse molaire M, il faut en peser une masse m :

$$m = n \times M.$$

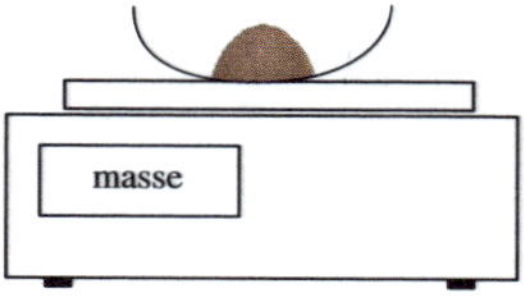

• Mesurer le volume d'un liquide

Pour prélever n moles d'un liquide de masse molaire M et de masse volumique ρ, il faut en verser un volume V :

$$V = \frac{m}{\rho} = \frac{n \times M}{\rho}.$$

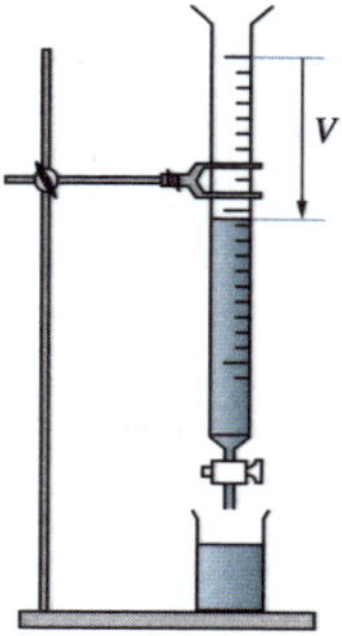

• Mesurer le volume d'un gaz

Pour prélever n moles d'un gaz dont le volume molaire est V_m, il faut en transvaser un volume V :

$$V = n \times V_m.$$

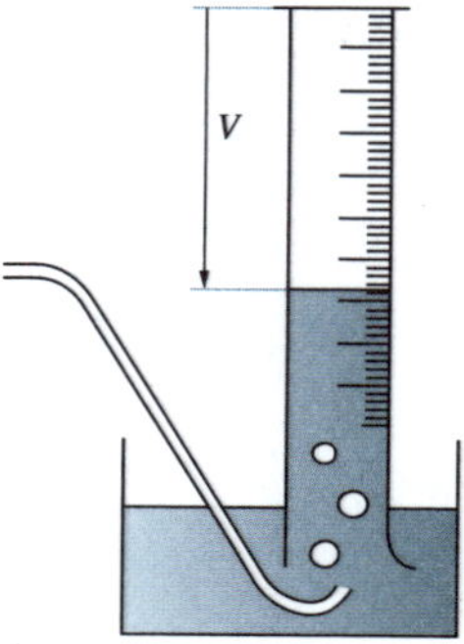

Préparer une solution aqueuse

• Préparer une solution par dissolution d'un solide

Pour préparer un volume V de solution aqueuse de concentration $C_{(A)}$, il faut une quantité $n_{(A)}$ de l'espèce A : $\boldsymbol{n\ (A) = C_{(A)} \times V}$.

1. Peser une masse : $m_{(A)} = n_{(A)} \times M_{(A)}$.
2. Introduire le solide dans une fiole jaugée de volume V.
3. Agiter pour la dissolution.
4. Compléter avec de l'eau distillée et agiter pour homogénéiser.

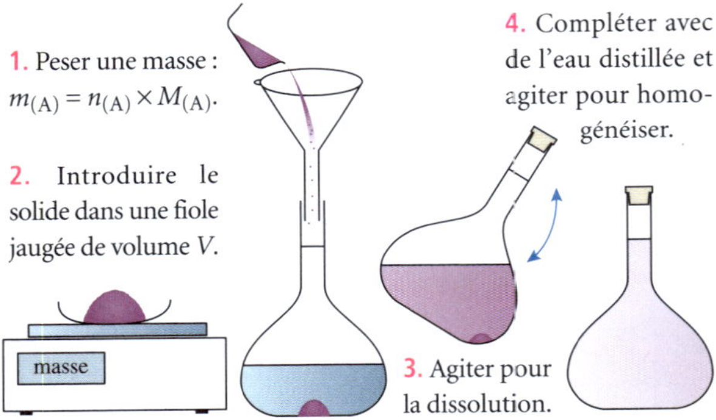

• Préparer une solution par dilution

Pour préparer un volume V_2 de solution aqueuse de concentration C_2 à partir d'une solution de concentration C_1, il faut en prélever un volume V_1 :

$$V_1 = \frac{C_2 V_2}{C_1}$$

1. Prélever un volume V_1 avec une pipette jaugée de volume V_1.
2. Introduire le liquide dans une fiole jaugée de volume V_2.
3. Compléter et agiter pour homogénéiser.
4. Compléter avec de l'eau distillée.

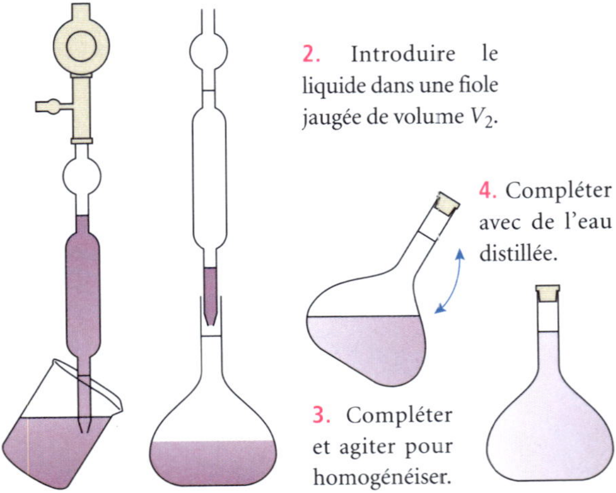

39 DONNÉES ASTRONOMIQUES

L'alternance des jours et des nuits

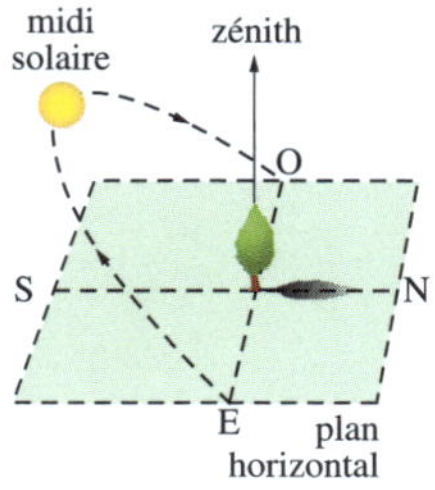

Dans le référentiel terrestre

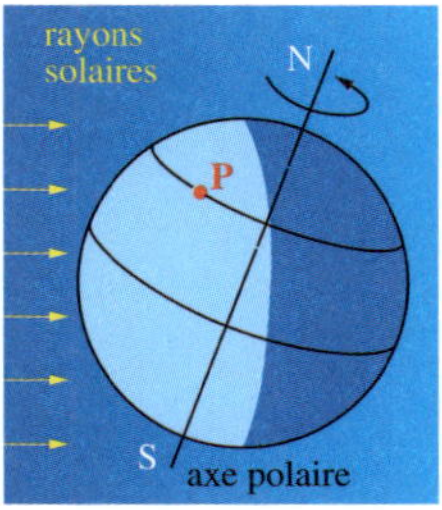

Dans le référentiel géocentrique

Dans le référentiel terrestre, le Soleil a un mouvement apparent d'est en ouest.

Dans le référentiel géocentrique, le mouvement de rotation de la Terre sur elle-même est à l'origine de l'alternance des jours et des nuits.

Le jour solaire dure 24 h.

Les phases de la Lune

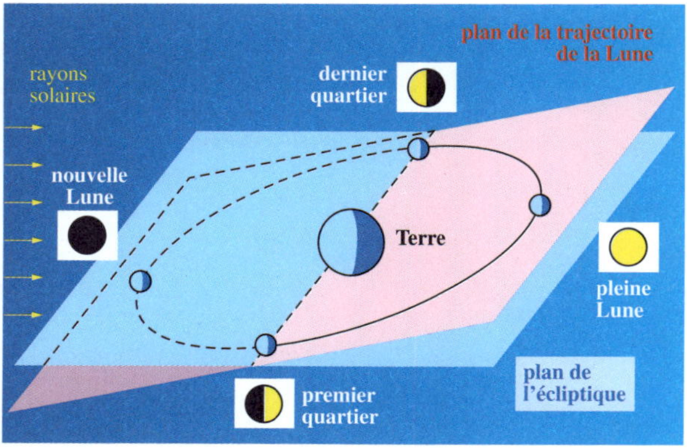

La période de **révolution synodique** appelée lunaison est la durée qui sépare deux nouvelles lunes successives.

La lunaison dure 29,5 jours.

L'année et les saisons

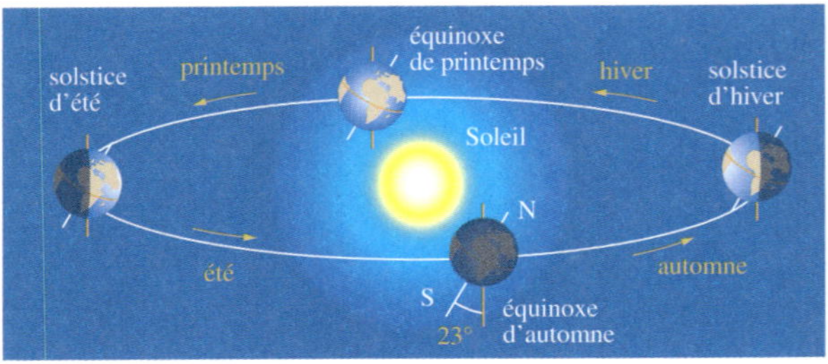

Dans le référentiel héliocentrique, la Terre tourne autour du Soleil en une année.

L'année tropique dure 365,24 jours.

Le système solaire

Planète	Masse (10^{24} kg)	Distance au Soleil (10^6 km)	Période de révolution (années)
Mercure	0,329	57,9	0,241
Vénus	4,90	108	0,615
Terre	5,98	150	1,00
Mars	0,658	228	1,88
Jupiter	1 900	778	11,9
Saturne	562	1 430	29,5
Uranus	89,7	2 870	84,0
Neptune	102	4 500	165

Fiche 1

a. À 0 °C, les deux solvants sont liquides car :

$$\theta_{\text{fusion}} < 0\ °\text{C} < \theta_{\text{ébullition}}.$$

b. La masse est déterminée à partir de la masse volumique, elle-même connue grâce à la densité.

• Si $d = 0{,}71$, alors $\rho = 0{,}71$ kg/L, $\rho = \frac{m}{V}$ donc $m = \rho \times V$, $m = 0{,}71 \times 1 = 0{,}71$ kg.

• Si $d = 1{,}32$, alors $\rho = 1{,}32$ kg/L, $\rho = \frac{m}{V}$ donc $m = \rho \times V$, $m = 1{,}32 \times 1 = 1{,}32$ kg.

c. Si on les mélange à de l'eau, ils constitueront une phase séparée car ils ne sont pas miscibles à l'eau.

La masse volumique de l'eau est égale à $\rho_{\text{eau}} = 1{,}00$ kg/L, l'éther est plus léger et flotte sur la phase aqueuse alors que le dichlorométhane est plus lourd et se place en dessous.

Fiche 2

a. Le chauffage permet de produire de la vapeur d'eau qui traverse la lavande et entraîne les espèces chimiques à extraire.

b. Le serpentin conduit les vapeurs dans un récipient d'eau froide afin qu'elles se condensent et redeviennent liquides.

c. L'essence de lavande étant de densité inférieure à 1 et non miscible à l'eau, elle surnage et peut donc être récupérée dans la partie supérieure de l'essencier.

Fiche 3

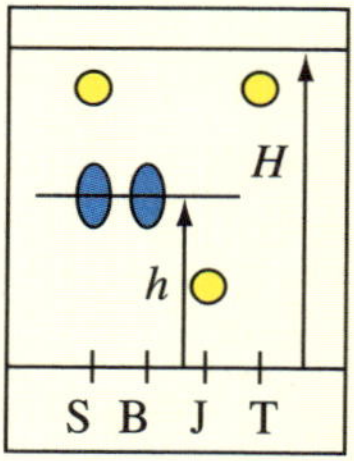

a. En comparant les taches de sirop et celles des dépôts témoins, on s'aperçoit de la présence de taches à la même hauteur que le bleu patenté et le jaune tartrazine ce qui montre que ces deux colorants sont présents dans le sirop de menthe.

b. Calcul du rapport frontal du bleu : $R_{f\,(\text{bleu})} = \frac{h_{(\text{bleu})}}{H}$.

En mesurant les déplacements sur le chromatogramme, on obtient $R_{f\,(\text{bleu})} = \frac{11}{21} = 0{,}52$.

Fiche 4

a. **Faux :** une synthèse est une transformation **chimique** de la matière.
Une transformation physique correspond à un changement d'état.

b. **Vrai.**

c. **Vrai.**

d. **Faux :** pour accélérer une synthèse chimique, il faut chauffer le milieu réactionnel.

e. **Faux :** si une espèce chimique synthétique a son équivalent dans la nature (même formule chimique), elles sont identiques et ont les mêmes propriétés physiques et chimiques.

Fiche 5

1 a. Le symbole du noyau de l'atome de sodium est ${}^{23}_{11}\text{Na}$.

b. Le noyau contient 11 protons et 23 – 11= 12 neutrons.

c. L'atome est neutre et possède donc 11 électrons dans son nuage électronique.

d. La masse de l'atome de sodium est très proche de celle du noyau de cet atome qui comprend 23 nucléons, soit :

$m(\text{Na}) = 23 \times m_{(\text{nucléon})} = 23 \times 1{,}67 \times 10^{-27}$ kg.

$m(\text{Na}) = 3{,}84 \times 10^{-26}$ kg.

2 Le nombre d'atomes présents dans la feuille de 27,0 g est donné par le rapport $N = \dfrac{\text{masse d'aluminium}}{\text{masse d'un atome d'aluminium}}$,

soit $N = \dfrac{27{,}0 \times 10^{-3}}{4{,}51 \times 10^{-26}} = 5{,}99 \times 10^{23} \approx 6 \times 10^{23}$ atomes.

Fiche 6

1 a. Deux éléments sont présents et caractérisés par $Z = 6$ et $Z = 7$.

b. Ces éléments sont le carbone ($Z = 6$) et l'azote ($Z = 7$).

2 a. Les deux électrons excédentaires assurent une charge totale égale à « $-2e$ » notée 2– , la formule de l'ion oxyde est donc O^{2-}.

b. L'ion dont le noyau est symbolisé par ${}^{16}_{8}\text{O}$ est constitué d'un noyau contenant 8 protons et 8 neutrons, entouré d'un cortège de 10 électrons (8 + 2) dans le nuage électronique.

Fiche 7

a. • L'atome de béryllium Be possède 4 électrons, sa structure électronique est donc $(K)^2(L)^2$.

• L'atome de soufre possède 16 électrons : $(K)^2(L)^8(M)^6$.

b. • L'ion Be^{2+} est un atome qui a perdu 2 électrons, sa structure est $(K)^2$ identique à celle de l'hélium ($Z = 2$) : règle du duet.

• L'ion sulfure S^{2-} est un atome qui a gagné 2 électrons, sa structure électronique est $(K)^2(L)^8(M)^8$ identique à celle de l'argon ($Z = 18$) et il satisfait la règle de l'octet.

Fiche 8

a. **H_2 :** $Z(H) = 1$, $(K)^1$, il y a donc un électron sur la couche externe, soit 2 pour 2 atomes H, donc un seul doublet. C'est un doublet liant entre les 2 atomes H qui assure la liaison covalente.

H—H

b. **F_2 :** $Z(F) = 9$, $(K)^2(L)^7$, il y a donc 7 électrons sur la couche externe, soit 14 pour 2 atomes et donc 7 doublets au total.
Pour satisfaire la règle de l'octet, il faut 4 doublets (8 électrons) autour de chaque atome F, la solution est donc :

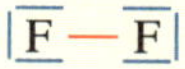

La molécule possède une liaison simple entre les atomes de fluor.

c. **O_2 :** $Z(O) = 8$, $(K)^2(L)^6$, il y a donc 6 électrons sur la couche externe, et 12 pour 2 atomes O, soit 12 : 2 = 6 doublets au total.
Pour satisfaire la règle de l'octet, il faut 4 doublets (8 électrons) autour de chaque atome O, la solution est donc :

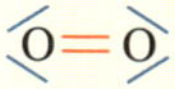

La molécule possède une liaison double entre les atomes d'oxygène.

d. **C_2H_4** : $Z(H) = 1$, $(K)^1$, il y a donc un électron sur la couche externe, soit 4 pour 4 atomes H. $Z(C) = 6$, $(K)^2(L)^4$, il y a donc 4 électrons sur la couche externe, soit 8 pour 2 atomes C.
Au total : 4 + 8 = 12 électrons, soit 12 : 2 = 6 doublets.
Il faut 4 doublets liants pour les 4 atomes H, il en reste donc 2 liants entre les 2 atomes C.

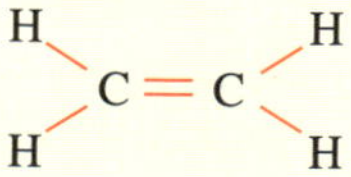

L'atome C est entouré de 4 doublets et satisfait la règle de l'octet.

Fiche 9

1 D'après leurs numéros atomiques, les structures électroniques sont pour H : $(K)^1$, pour C : $(K)^2(L)^4$ et pour N : $(K)^2(L)^5$.
Pour satisfaire la règle de l'octet, il manque 4 électrons à C et 3 électrons à N. C réalise donc 4 liaisons et N seulement 3.
Par conséquent il existe deux isomères de C_2H_7N :

$CH_3—CH_2—NH_2$ $\qquad$ $CH_3—NH—CH_3$

2 Le schéma de Lewis de CO_2 est le suivant :

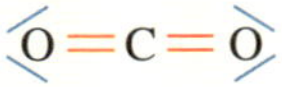

L'absence de doublets non liants sur C entraîne l'alignement des doublets liants de part et d'autre du C central, ainsi les 3 atomes sont alignés.

Fiche 10

a. Ces ions F^-, $C\ell^-$ et Br^- sont des atomes qui ont gagné un électron, leur structure est donc pour F^- : $(K)^2(L)^8$, pour $C\ell^-$: $(K)^2(L)^8(M)^8$ et pour Br^- : $(K)^2(L)^8(M)^{18}(N)^8$.
b. Ces structures font apparaître 8 électrons sur la couche externe : les ions satisfont alors la règle de l'octet.
c. Les schémas sont identiques pour les trois molécules (▶ Fiche 8) :

d. Tous les atomes présents sont entourés de 4 doublets (1 liant et 3 non liants), ils satisfont donc la règle de l'octet.
e. La famille constituée par ces éléments est la famille des halogènes : colonne 17 dans la classification périodique.

Fiche 11

a. O : $(K)^2(L)^6$ et S : $(K)^2(L)^8(M)^6$: l'oxygène et le soufre possèdent tous les deux 6 électrons externes.
b. Pour satisfaire la règle de l'octet, les éléments oxygène et soufre gagnent 2 électrons et forment les ions oxyde O^{2-} et sulfure S^{2-}.
c. Par analogie, les combinaisons du soufre avec le carbone et le sodium seront identiques à celles de l'oxygène : la formule du sulfure de carbone est CS_2 et celle du sulfure de sodium est Na_2S.

Fiche 12

1) Pour mesurer une quantité de matière d'une espèce chimique, il faut connaître sa masse molaire. Le calcul de la masse molaire est réalisé à partir des masses molaires atomiques des atomes présents.

• $M(CuSO_4,5H_2O) = M(Cu) + M(S) + 4M(O) + 10M(H) + 5M(O)$
$= 63,5 + 32,1 + 4 \times 16,0 + 10 \times 1,0 + 5 \times 16,0 = 250\ g \cdot mol^{-1}$.

• $M(C_6H_{12}) = 6M(C) + 12M(H) = 6 \times 12,0 + 12 \times 1,0 = 84,0\ g \cdot mol^{-1}$.

• $M(He) = 4,0\ g \cdot mol^{-1}$.

2) Pour les trois espèces, il est possible de prélever 0,15 mol par pesée. Mais la pesée est en général réservée aux solides et l'on mesure plus souvent un volume à l'aide d'une burette graduée pour les liquides, et à l'aide d'une éprouvette graduée pour les gaz.

• Pour le sulfate de cuivre, on utilise une balance pour peser la masse *m* correspondant à 0,15 mol.

Avec $n = \frac{m}{M}$, on a $m = n \times M = 0,15 \times 250 = 37,5\ g$.

• Pour le cyclohexane, on utilise une burette pour prélever le volume *V* correspondant à 0,15 mol.

Avec $n = \frac{\rho V}{M}$, on a $V = \frac{n \times M}{\rho} = \frac{0,15 \times 84}{0,78} = 16\ cm^3$.

• Pour l'hélium, on utilise une éprouvette pour mesurer le volume *V* correspondant à 0,15 mol.

Avec $n = \frac{V}{V_m}$, on a $V = n \times V_m = 0,15 \times 24 = 3,6\ L$.

Fiche 13

a. La concentration massique est calculée avec la masse dissoute :

$$C_{massique} = \frac{m_{sucre}}{V_{sol}} = \frac{5,0}{0,125} = 40\ g \cdot L^{-1}.$$

b. La concentration molaire est calculée avec la quantité de matière :

$$C_{molaire} = \frac{n_{sucre}}{V_{sol}} = \frac{m_{sucre}}{M_{sucre} V_{sol}} = \frac{5,0}{342 \times 0,125} = 0,12\ mol \cdot L^{-1}.$$

c. Si le volume devient $V_{sol} = 1,0\ L$,

$$C_{massique} = \frac{m_{sucre}}{V_{sol}} = \frac{5,0}{1} = 5,0\ g \cdot L^{-1}\ ;$$

$$C_{molaire} = \frac{n_{sucre}}{V_{sol}} = \frac{5,0}{342 \times 1,0} = 1,5 \times 10^{-2}\ mol \cdot L^{-1}.$$

Le volume étant multiplié par 8, la concentration est divisée par 8.

Fiche 14

1 a.

EI (p, T)	Transformation →	EF (p, T)
$H_2O(l)$ $Na(s)$		$H_2O(l)$ $Na^+(aq)$ $OH^-(aq)$ $H_2(g)$

b. Le bilan des réactifs et des produits permet d'écrire :

$$Na(s) + H_2O(l) \longrightarrow Na^+(aq) + OH^-(aq) + H_2(g)$$

On ajuste les coefficients stœchiométriques pour écrire la conservation des éléments et des charges :

$$2\ Na(s) + 2\ H_2O(l) \longrightarrow 2\ Na^+(aq) + 2\ OH^-(aq) + H_2(g)$$

2 Au cours de cette synthèse, le linalol ($C_{10}H_{18}O$) et l'anhydride éthanoïque ($C_4H_6O_3$) sont les réactifs. L'acétate de linalyle ($C_{12}H_{20}O_2$) et l'acide éthanoïque ($C_2H_4O_2$) sont les produits. L'équation de la réaction symbolisant la synthèse est donc :

$$C_{10}H_{18}O(l) + C_4H_6O_3(l) \longrightarrow C_{12}H_{20}O_2(l) + C_2H_4O_2(l)$$

Fiche 15

a. *A priori*, on ne sait pas encore quel est le réactif limitant.

EI (p, T)	Transformation →	EF (p, T)
Propane $C_3H_8(g)$ 40 mmol Dioxygène $O_2(g)$ 300 mmol		$C_3H_8(g)$? $O_2(g)$? $CO_2(g)$? $H_2O(l)$?

Le bilan des réactifs et des produits permet d'écrire :

$$C_3H_8(g) + O_2(g) \longrightarrow CO_2(g) + H_2O(l)$$

On ajuste les coefficients stœchiométriques pour écrire la conservation des éléments et des charges :

$$C_3H_8(g) + 5\ O_2(g) \longrightarrow 3\ CO_2(g) + 4\ H_2O(l)$$

b. Tableau d'évolution du système chimique (quantités en mmol).

	$C_3H_8(g)$ +	$5\ O_2(g)$ ⟶	$3\ CO_2(g)$ +	$4\ H_2O(l)$
E.I.	$n_i(C_3H_8) = 40$	$n_i(O_2) = 300$	$n_i(CO_2) = 0$ mol	$n_i(H_2O) = 0$ mol
T	$n(C_3H_8) = 40 - x$	$n(O_2) = 300 - 5x$	$n(CO_2) = 3x$	$n(H_2O) = 4x$
E.T.	$n_f(C_3H_8) = 40 - x_{max}$ $n_f(C_3H_8) = 0$	$n_f(O_2) = 300 - 5x_{max}$ $n_f(O_2) = 100$	$n_f(CO_2) = 3x_{max}$ $n_f(CO_2) = 120$	$n_f(H_2O) = 4x_{max}$ $n_f(H_2O) = 160$

c. x_{max} est la plus grande valeur de x sachant que les quantités finales sont positives ou nulles, donc ($n_f(C_3H_8) = 40 - x_{max} \geqslant 0$ et $n_f(O_2) = 300 - 5x_{max} \geqslant 0$) soit ($x_{max} \leqslant 40$, et $x_{max} \leqslant 60$), la solution est donc $x_{max} = 40$ mmol.

Le réactif limitant est donc le propane qui disparaît entièrement.

d. Dans l'état final, le système contient 100 mmol de O_2, 120 mmol de CO_2 et 160 mmol de H_2O.

Fiche 16

1

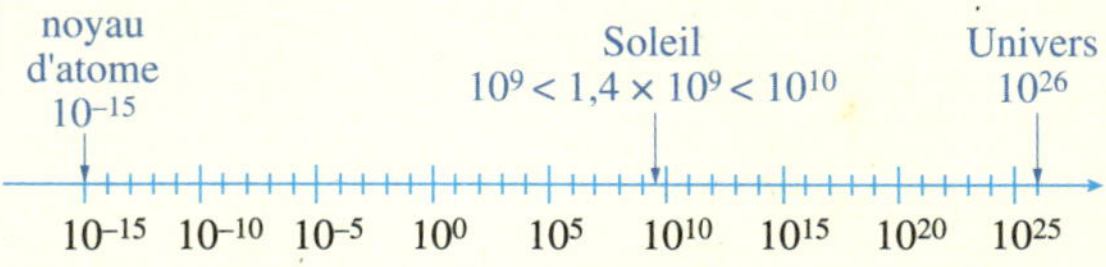

2 a. Pour comparer la taille de la tour Eiffel à celle d'un papillon, on calcule le rapport de leurs ordres de grandeur respectifs :
$\frac{10^2}{10^{-1}} = 10^3 = 1\ 000.$
La tour Eiffel est environ 1 000 fois plus grande qu'un papillon : trois ordres de grandeur séparent les tailles des deux objets.
b. Entre un noyau d'atome et l'Univers, les longueurs s'échelonnent sur $\frac{10^{26}}{10^{-15}} = 10^{41}$ soit 41 ordres de grandeurs.

Fiche 17

Le signal émis par le sonar se déplace à vitesse $v = 1\ 500$ m/s, pendant une durée $\Delta t = 0{,}17$ s. Il parcourt une distance aller-retour égale à $2 \times d = v \times \Delta t$. La distance d est donc :
$d = \frac{v \times \Delta t}{2} = \frac{1500 \times 0{,}17}{2} = 127$ m, profondeur du lac à cet endroit.

Fiche 18

1 a. Il suppose que la Terre est ronde et que les rayons solaires sont parallèles car le Soleil est suffisamment loin.
b. La circonférence terrestre est donc $C = 50 \times 800 = 40\ 000$ km.

2 Si la Lune occulte exactement le Soleil alors l'angle sous lequel on les voit de la Terre est le même : la Lune et le Soleil ont même diamètre apparent α qui vaut environ 0,5° (voir page 40).

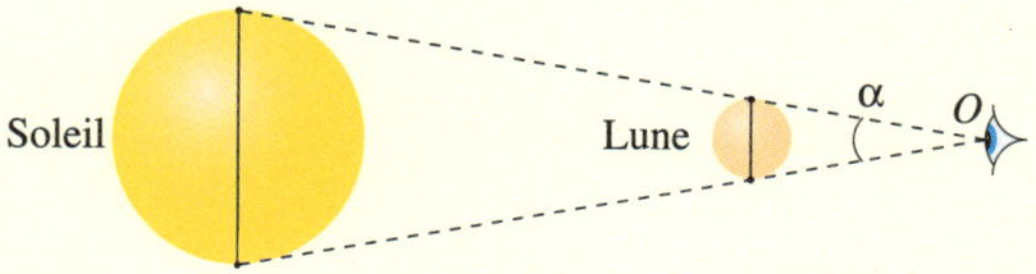

Attention ! Même diamètre apparent ne signifie pas même diamètre : le Soleil est plus éloigné de la Terre et plus grand que la Lune (échelle non respectée ici).

Fiche 19

1 a. L'étoile Polaire se trouve à environ $4,3 \times 10^{18}$ m de la Terre. Or 1 a.l. ≐ $9,46 \times 10^{15}$ m donc la distance Terre-étoile Polaire est

$$D_{\text{T-E}} = \frac{4,3 \times 10^{18}}{9,46 \times 10^{15}} = 450 \text{ a.l.}$$

b. Sa lumière met donc 450 années pour arriver jusqu'à nous.

2 1 UA = $1,50 \times 10^{11}$ m et 1 a.l. = $9,46 \times 10^{15}$ m.

Le rapport est donc $\frac{9,46 \times 10^{15}}{1,50 \times 10^{11}} = 6,31 \times 10^4 = 63\ 100$.

Quatre ordres de grandeurs séparent les deux unités :
1 a.l. correspond à plus de 60 000 fois la distance Terre-Soleil.

Fiche 20

1 On distingue habituellement sept couleurs dans le spectre de la lumière blanche comme dans l'arc-en-ciel : violet, indigo, bleu, vert, jaune, orange et rouge.
En réalité, il y a une infinité de couleurs : ce sont des spectres continus contenant toutes les couleurs caractérisées par des longueurs d'onde comprises entre $\lambda_v = 400$ nm (violet) et $\lambda_r = 800$ nm (rouge).

2 L'application de la loi de Descartes pour la réfraction permet d'écrire $n_{\text{air}} \times \sin(i) = n_{\text{eau}} \times \sin(r)$.

On en déduit $n_{\text{eau}} = \frac{n_{\text{air}} \times \sin(i)}{\sin(r)} = \frac{1,00 \times \sin(45)}{\sin(32)} = 1,33$.

Fiche 21

Le spectre de raies d'émission est caractéristique de l'élément chimique contenu dans la source émettrice.
Les valeurs des longueurs d'onde des raies du spectre sont proches de celles de l'hélium : c'est donc l'élément présent dans la source.

Fiche 22

1 On distingue quatre types de spectres :

- les **spectres continus d'émission**, avec une infinité de couleurs, obtenus en décomposant la lumière émise par un corps chaud ;

• **les spectres de raies d'émission**, avec quelques couleurs apparaissant sous forme de raies, obtenus en décomposant la lumière émise par un gaz chauffé ou soumis à une décharge électrique ;

• **les spectres de bandes d'absorption**, comprenant une ou plusieurs bandes sombres et obtenus en décomposant la lumière qui a traversé une substance absorbante ;

• **les spectres de raies d'absorption**, comprenant des raies sombres et obtenus en décomposant la lumière qui a traversé un gaz.

2 Une entité chimique ne peut absorber que les radiations qu'elle est susceptible d'émettre. La comparaison des spectres fait apparaître que les raies sombres du spectre n° **1** coïncident avec les raies brillantes du spectre n° **2** : l'élément hélium est l'élément recherché.

Fiche 23

a. • L'étoile 1 émet une lumière dont le spectre est riche en bleu-violet, elle apparaîtra bleue dans le ciel alors que notre Soleil est jaune : elle est donc plus chaude que le Soleil.

• L'étoile 2 émet une lumière dont le spectre contient peu de bleu-violet, elle apparaîtra rouge dans le ciel : elle est donc plus froide.

b. Les raies noires correspondent aux radiations absorbées par les entités chimiques présentes dans l'atmosphère de ces étoiles.

Fiche24

a. Entre les points A et D, la boule suit une trajectoire curviligne. Les distances parcourues par la boule pendant des intervalles de temps égaux diminuent de A à B puis augmentent de B à D : on peut donc dire que la boule ralentit entre A et B puis qu'elle accélère entre B et D.

Attention ! Sa vitesse n'est pas nulle en B.

b. Pour calculer sa vitesse instantanée au point C, on détermine sa vitesse sur le petit intervalle autour du point considéré. Compte tenu de l'échelle du document, la boule parcourt une distance $d = 30$ cm pendant une durée $\Delta t = 2 \times \tau = 80$ ms.

Sa vitesse est donc $v_C = \dfrac{d}{\Delta t} = \dfrac{d}{2\tau} = \dfrac{0{,}30}{80 \times 10^{-3}} = 3{,}7\ \text{m} \cdot \text{s}^{-1}$.

Fiche 25

a. Le diagramme objets-interactions au moment du lancer est dessiné ci-contre. Le ballon est soumis à trois forces :

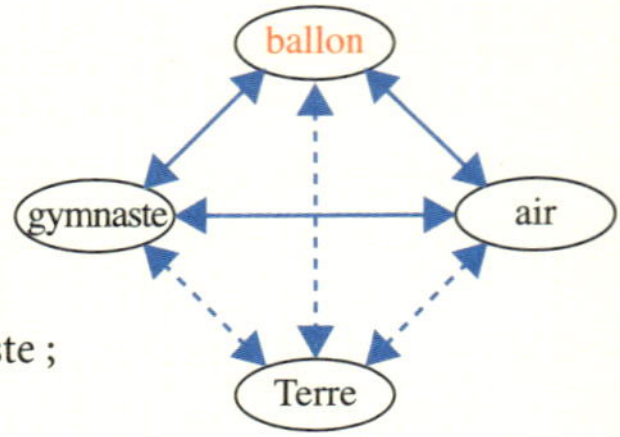

- la force exercée par la gymnaste ;
- la force exercée par l'air ;
- la force à distance exercée par la Terre.

b. La force exercée par la gymnaste met le ballon en mouvement et lui communique une vitesse.

c. Une fois lancé en l'air, le ballon n'est plus soumis qu'à deux forces :

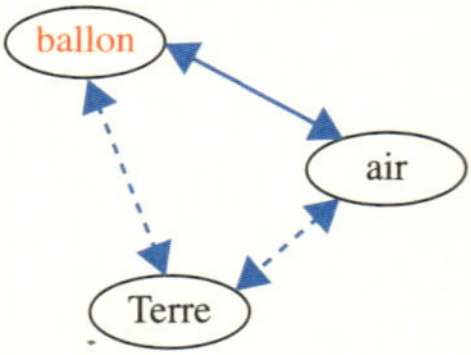

- l'action de la Terre qui l'attire ;
- l'action de l'air qui le freine.

Il n'y a plus contact avec la gymnaste.

d. • La force exercée par la Terre modifie sa trajectoire (il est dévié vers le bas) et sa vitesse (il ralentit en montant et accélère en descendant).

• La force exercée par l'air modifie sa trajectoire (il va moins loin) et sa vitesse (diminuée par l'air qui le freine).

Fiche 26

Les forces qui s'exercent sur le palet sont l'attraction de la Terre (son poids) et l'action du support (la patinoire). Le palet s'arrête, son mouvement n'est donc pas uniforme. D'après le principe d'inertie, les forces ne se compensent pas : l'action de la patinoire n'est donc pas exactement opposée au poids, elle freine le palet.

2 Le principe d'inertie n'est pas vérifié dans le référentiel « bus ». Le passager doit analyser son mouvement dans le référentiel terrestre. Il n'est pas « projeté » vers l'arrière mais il « tend » à rester immobile (par rapport à la Terre), ni projeté vers l'avant mais il « tend » à conserver sa vitesse (par rapport à la Terre). Il ne peut démarrer ou s'arrêter (dans le référentiel terrestre) que si une force nouvelle s'exerce sur lui : c'est le bus qui exerce cette force. Si l'on reste debout dans un bus, il faut se tenir pour qu'il nous entraîne ou nous freine !

Fiche 27

1 Cette force dépend de votre masse et de la distance entre votre corps et le centre de la Terre. Si votre masse est égale à 55 kg et si vous êtes au niveau du sol, alors :

$$F = \frac{6{,}67 \times 10^{-11} \times 5{,}98 \times 10^{24} \times 55}{(6{,}38 \times 10^{6})^2} = 540 \text{ N}.$$

Cette force correspond au « poids » de votre corps (▶ Fiche 28).

2 Force exercée par le Soleil sur la Terre :

$$F_{S/T} = \frac{6{,}67 \times 10^{-11} \times 1{,}98 \times 10^{30} \times 5{,}98 \times 10^{24}}{(1{,}50 \times 10^{11})^2} = 3{,}51 \times 10^{22} \text{ N}.$$

Fiche 28

1 En connaissant sa masse m (en kg) et les valeurs de g, on calcule son poids P (en N) avec $P = m \times g$:

$P_{Paris} = m \times g_{Paris} = m \times 9{,}81$ et $P_{Lune} = m \times g_{Lune} = m \times 1{,}62$.

Si, par exemple, votre masse est égale à 55 kg, alors :

– votre poids à Paris est $P_{Paris} = 55 \times 9{,}81 = 540$ N ;

– votre poids sur la Lune est $P_{Lune} = 55 \times 1{,}62 = 89$ N.

2 En assimilant le poids lunaire à la force gravitationnelle exercée par la Lune, l'intensité de pesanteur sur le sol lunaire est donnée par l'expression suivante (▶ Fiche 28) :

$$g_L = \frac{GM_L}{R_L^2} = \frac{6{,}67 \times 10^{-11} \times 7{,}3 \times 10^{22}}{(1{,}74 \times 10^{6})^2} = 1{,}6 \text{ N} \cdot \text{kg}^{-1}.$$

Fiche 29

a. La trajectoire est observée dans le référentiel géocentrique. Le mouvement du satellite est circulaire et uniforme.

b. La force de gravitation exercée par la Terre, $\vec{F}_{T/S}$, est dirigée vers le centre de la Terre.

Sa direction est perpendiculaire à celle de la trajectoire du satellite.

c. D'après le principe d'inertie, en l'absence de force son mouvement serait rectiligne et uniforme.

• La force de gravitation ne modifie pas la valeur de sa vitesse qui reste constante. La force de gravitation dévie le satellite vers la Terre, d'où sa trajectoire circulaire et non rectiligne.

Fiche 30

1 Sur le schéma des phases de la Lune, la Lune se déplace sur le cercle en pointillés dans le sens de révolution indiqué.

• Un observateur placé à la surface de la Terre qui regarde la Lune en position **2** voit plus de la moitié droite éclairée ce qui correspond à la phase représentée sur la figure **B**.

• En position **4**, il voit la partie gauche éclairée avec une surface supérieure à la moitié de la Lune ce qui correspond à la figure **C**.

• En position **8**, il ne voit qu'une petite partie droite éclairée ce qui correspond à la figure **A**.

2 La période de révolution synodique de la Lune ou lunaison dure 29 j 12 h 44 min.

29 j = 29 × 24 h = 696 heures,

44 min = $\frac{44}{60}$ h = 0,73 h (1 heure dure 60 minutes).

La valeur d'une lunaison est donc 696 + 12 + 0,73 = 708,73 h.

Fiche 31

a. Pour déterminer précisément la période du signal, on mesure sur l'enregistrement la durée correspondant à trois périodes : $3 \times T$ correspond à 72 mm et 1 *s* correspond à 25 mm.

Donc $3 \times T = \frac{72}{25}$ s d'où $T = \frac{72}{25} : 3 = 0{,}96$ s.

b. La fréquence est $f = \frac{1}{T} = \frac{1}{0{,}96} = 1{,}04$ Hz.

c. La fréquence indique le nombre de battements par seconde, en une minute il y en a 60 fois plus, soit 1,04 × 60 = 62,5 battements/min en moyenne.

Fiche 32

1 Quelques gaz (►Fiches 8 et 9) :

Gaz	Formule	Remarque
Dioxygène	O_2	Principaux constituants de l'air (20 % de O_2 et 80 % de N_2)
Diazote	N_2	
Dihydrogène	H_2	Gaz léger et inflammable
Chlorure d'hydrogène	$HC\ell$	Acide chlorhydrique
Hélium	He	Gaz léger
Dioxyde de carbone	CO_2	Dissous dans les boissons gazeuses
Méthane	CH_4	Gaz de ville

2 Des molécules odorantes se dégagent de la fleur et se mélangent à l'air qui l'entoure. Le mouvement des molécules dans l'atmosphère assure la diffusion et la dispersion des molécules odorantes jusqu'à nos narines réceptrices.

Fiche 33

1 a. En introduisant de l'air dans le ballon, on augmente le nombre de molécules. Si le ballon est déjà gonflé, le volume total reste pratiquement constant et l'espace entre les molécules diminue. Alors, le nombre de chocs entre les molécules et contre les parois augmente.
b. Si le ballon est déjà gonflé, le volume total reste constant. Si le gonflage n'est pas trop rapide, il ne s'échauffe pas et la température varie très peu. Par contre, en introduisant de l'air, on augmente le nombre de moles de gaz et la pression augmente avec le nombre de chocs microscopiques. Donc les grandeurs macroscopiques V, T restent pratiquement constantes alors que n et P augmentent.

2 a. Les forces pressantes se calculent par la relation $F = P \times S$.
- À l'extérieur : $F_{ext} = P_{ext} \times S = 0,30 \times 10^5 \times 0,10 = 3\ 000$ N.
- À l'intérieur : $F_{int} = P_{int} \times S = 0,80 \times 10^5 \times 0,10 = 8\ 000$ N.

b. Les forces pressantes sont orthogonales au hublot. $\vec{F}_{ext}$ exercée par la pression extérieure est dirigée vers l'intérieur alors que $\vec{F}_{int}$ est dirigée vers l'extérieur. $F_{int} > F_{ext}$, la résultante de ces deux forces est donc orthogonale au hublot, dirigée vers l'extérieur et de valeur F : $F = F_{int} - F_{ext} = 8\ 000 - 3\ 000 = 5\ 000$ N.

Fiche 34

1 a. Si la valeur de la résistance est de 600 Ω, l'exploitation du graphique permet de dire que la température est de 23 °C.

b. La variation de R est plus importante aux basses températures car la pente de la courbe est plus grande.

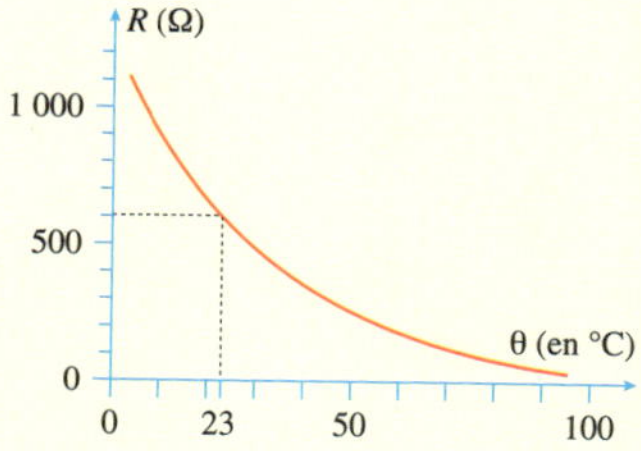

c. La précision des mesures augmente quand la variation de R est plus grande. Elle sera donc meilleure aux basses températures.

2 a. Si la température s'élève, le volume d'alcool augmente.

b. Ce phénomène est la dilatation des liquides.

c. • On utilise un tube fin pour que la dilatation provoque un déplacement notable du liquide.

• Sans colorant, l'alcool serait transparent et peu visible.

Fiche 35

a. En utilisant les unités légales, les valeurs des grandeurs macroscopiques caractérisant l'air dans la bouteille sont :

- $V = 12 \text{ L} = 12 \times 10^{-3} \text{ m}^3 = 1{,}2 \times 10^{-2} \text{ m}^3$;
- $P = 177 \text{ bars} = 177 \times 10^5 \text{ Pa} = 1{,}77 \times 10^7 \text{ Pa}$;
- $\theta = 20\ °\text{C}$ donc $T = 273 + 20 = 293$ K.

b. En assimilant l'air à un gaz parfait, on peut utiliser l'équation d'état $P \times V = n \times R \times T$, donc $n = \dfrac{P \times V}{R \times T}$.

Soit $n = \dfrac{1{,}77 \times 10^7 \times 1{,}2 \times 10^{-2}}{8{,}31 \times 293} = 87{,}2$ mol.

c. Pour une même quantité n d'air, à température constante T, le produit $P \times V$ reste constant (loi de Boyle-Mariotte).

Soit P_i et V_i les valeurs initiales dans la bouteille et P_f et V_f les valeurs hors de la bouteille. Si le produit $P \times V$ reste constant, alors $P_i \times V_i = P_f \times V_f$.

Donc $V_f = \dfrac{P_i \times V_i}{P_f} = \dfrac{1{,}77 \times 10^7 \times 1{,}2 \times 10^{-2}}{1{,}013 \times 10^5} = 2{,}1 \text{ m}^3$.

Le volume d'air respirable à pression normale est de 2,1 m^3 soit 2 100 litres, ce qui permet une autonomie importante.

Chimique ou naturel

Caractéristiques d'une espèce chimique

• La masse volumique ρ :

$$\rho = \frac{m}{V}$$

Si m est en g et V en cm^3, alors ρ est en g/cm^3.
Si m est en kg et V en m^3, alors ρ est en kg/m^3.

• La densité d :

$$d = \frac{\rho}{\rho_{eau}}$$

d est sans unité.

Analyse d'une chromatographie

Rapport frontal R_f d'une espèce :

$$Rf = \frac{h}{H}$$

R_f est sans unité, compris entre 0 et 1.

Définition d'une synthèse chimique

Une synthèse est une transformation au cours de laquelle des réactifs se transforment pour former des produits :

RÉACTIFS ⟶ PRODUITS

Pictogrammes de sécurité pour produits chimiques

	Xi Xn	irritant nocif
	C	corrosif
	F F+	facilement inflammable extrêmement inflammable
	O	comburant
	E	explosif
	N	dangereux pour l'environnement
	T T+	toxique très toxique

des éléments chimiques

X	XI	XII	XIII	XIV	XV	XVI	XVII	XVIII	période
								2 **He** hélium 4,0	1
			5 **B** bore 10,8	6 **C** carbone 12,0	7 **N** azote 14,0	8 **O** oxygène 16,0	9 **F** fluor 19,0	10 **Ne** néon 20,2	2
			13 **Al** aluminium 27,0	14 **Si** silicium 28,1	15 **P** phosphore 31,0	16 **S** soufre 32,1	17 **Cl** chlore 35,5	18 **Ar** argon 39,9	3
28 **Ni** nickel 58,7	29 **Cu** cuivre 63,5	30 **Zn** zinc 65,4	31 **Ga** gallium 69,7	32 **Ge** germanium 72,6	33 **As** arsenic 74,9	34 **Se** sélénium 79,0	35 **Br** brome 79,9	36 **Kr** krypton 83,8	4
46 **Pd** palladium 106,4	47 **Ag** argent 107,9	48 **Cd** cadmium 112,4	49 **In** indium 114,8	50 **Sn** étain 118,7	51 **Sb** antimoine 121,7	52 **Te** tellure 127,6	53 **I** iode 126,9	54 **Xe** xénon 131,3	5
78 **Pt** platine 195,1	79 **Au** or 197,0	80 **Hg** mercure 200,6	81 **Tl** thallium 204,4	82 **Pb** plomb 207,2	83 **Bi** bismuth 209,0	84 **Po** polonium 209	85 **At** astate 210	86 **Rn** radon 222	6
110 **Ds** darmstadtium 271	111 **Rg** rontgenium 272	112 **Uub** 285	113 **Uut**	114 **Uuq**	115 **Uup**				7

64 **Gd** gadolinium 157,3	65 **Tb** terbium 158,9	66 **Dy** dysprosium 162,5	67 **Ho** holmium 164,9	68 **Er** erbium 167,3	69 **Tm** thulium 168,9	70 **Yb** ytterbium 173,0	71 **Lu** lutétium 175,0
96 **Cm** curium 247	97 **Bk** berkélium 247	98 **Cf** californium 251	99 **Es** einsteinium 252	100 **Fm** fermium 257	101 **Md** mendélévium 258	102 **No** nobélium 259	103 **Lr** lawrencium 262

Classification périodique

Numéro atomique → Z

X ← symbole de l'élément

nom ← nom de l'élément

Masse molaire ($g \cdot mol^{-1}$) → *M*

période	I	II	III	IV	V	VI	VII	VIII	IX
1	1 **H** hydrogène 1,0								
2	3 **Li** lithium 6,9	4 **Be** Berrylium 9,0							
3	11 **Na** sodium 23,0	12 **Mg** magnésium 24,3							
4	19 **K** potassium 39,1	20 **Ca** calcium 40,1	21 **Sc** scandium 45,0	22 **Ti** titane 47,9	23 **V** vanadium 50,9	24 **Cr** chrome 52,0	25 **Mn** manganèse 54,9	26 **Fe** fer 55,8	27 **Co** cobalt 58,9
5	37 **Rb** rubidium 85,5	38 **Sr** strontium 87,6	39 **Y** yttrium 88,9	40 **Zr** zirconium 91,2	41 **Nb** niobium 92,9	42 **Mo** molybdène 95,9	43 **Tc** technétium 99	44 **Ru** ruthénium 101,1	45 **Rh** rhodium 102,9
6	55 **Cs** césium 132,9	56 **Ba** baryum 137,3	57-71 lanthanides	72 **Hf** hafnium 178,5	73 **Ta** tantale 180,9	74 **W** tungstène 183,9	75 **Re** rhénium 186,2	76 **Os** osmium 190,2	77 **Ir** iridium 192,2
7	87 **Fr** francium 223	88 **Ra** radium 226,1	89-103 actinides	104 **Rf** rutherfordium 261	105 **Db** dubnium 262	106 **Sg** seaborgium 266	107 **Bh** bohrium 264	108 **Hs** hassium 269	109 **Mt** meitnerium 268

lanthanides →	57 **La** lanthane 138,9	58 **Ce** cérium 140,1	59 **Pr** praséodyme 140,9	60 **Nd** néodyme 144,2	61 **Pm** prométhium 145	62 **Sm** samarium 150,4	63 **Eu** europium 152,0
actinides →	89 **Ac** actinum 227	90 **Th** thorium 232	91 **Pa** protactinium 231	92 **U** uranium 238	93 **Np** neptunium 237	94 **Pu** plutonium 244	95 **Am** américium 243

Constitution de la matière

Structure d'un atome

Un atome a un noyau central entouré d'électrons.
Le noyau de symbole ${}^{A}_{Z}X$ possède A nucléons :
Z protons et $(A - Z)$ neutrons.

• **Masse** d'un atome :

$$m_{(\text{atome})} \sim \text{masse du noyau} = A \times m_{(\text{nucléon})}$$

• **Charge** d'un atome :
un atome possède Z protons chargés « $+e$ » et Z électrons chargés « $-e$ », il est électriquement neutre.
Deux atomes sont **isotopes** s'ils possèdent le même numéro atomique Z mais un nombre de nucléons A différent.

• L'ensemble des atomes et des ions ayant le même numéro atomique Z définit un **élément chimique**.

Structure électronique d'un atome

Les électrons gravitent autour du noyau sur différentes **couches électroniques** appelées **K**, **L**, **M**…
Les électrons occupent d'abord la première couche notée K, puis successivement les couches L, M…
Chaque couche ne peut contenir qu'un nombre limité d'électrons : 2 sur K, 8 sur L et 18 sur M, etc.

Règles du duet et de l'octet

Au cours des transformations, les atomes ont tendance à acquérir la structure électronique d'un gaz noble stable.
Ils satisfont la règle du duet ou celle de l'octet s'ils acquièrent respectivement 2 ou 8 électrons sur leur couche externe.
Pour satisfaire les règles du duet et de l'octet, les atomes forment des ions monoatomiques ou des molécules.

Représentation de Cram

Conventions de la schématisation des liaisons dans les molécules :

—— liaison dans le plan de la figure

◀ liaison vers l'avant du plan

'''|| liaison vers l'arrière du plan

Classification périodique des éléments chimiques

Les éléments sont classés par numéro atomique Z croissant.

• La classification actuelle est constituée de 18 colonnes et 7 lignes appelées périodes.

• Les éléments d'une même colonne forment une **famille chimique** : ils possèdent le même nombre d'électrons sur la dernière couche et ils ont des propriétés chimiques semblables.

Étude d'un mouvement

Le mouvement peut être décomposé grâce à l'utilisation d'une vidéo lue image par image. La superposition des différentes positions du mobile sur un même cliché est appelé **chronophotographie**.

Lancer d'une boule de pétanque dans le champ de pesanteur

Les positions successives de la boule ont été enregistrées toutes les 40 ms (25 images par seconde).

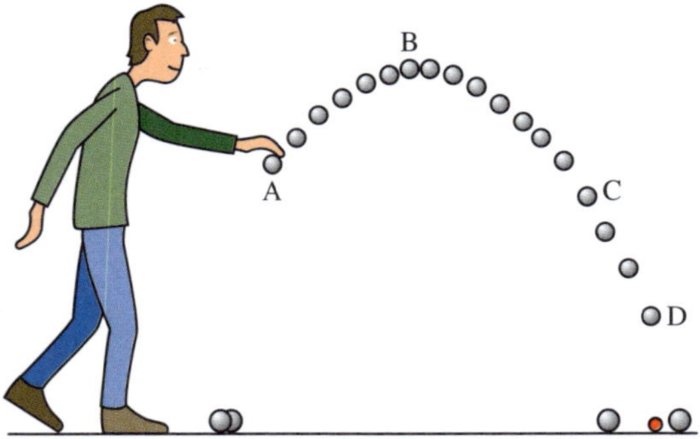

Étude du mouvement à l'aide d'un logiciel

L'utilisation d'un logiciel de pointage permet d'analyser le mouvement de la boule.

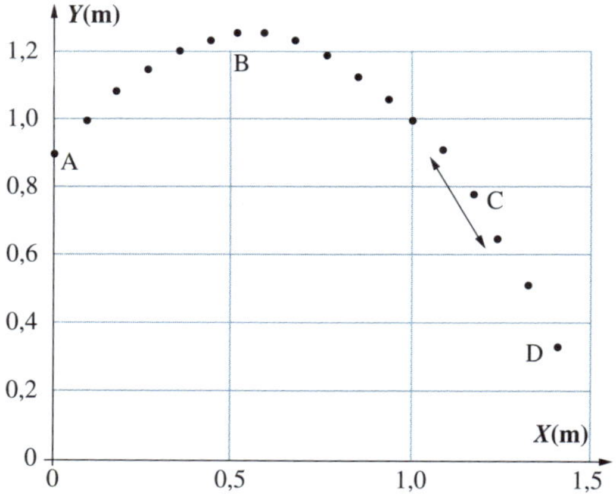

Transformation de la matière

Mesure des quantités de matière

La mole est l'unité de quantité de la matière.
Une mole est un « paquet » contenant $N_A = 6{,}02 \times 10^{23}$ entités.
N_A est la constante d'Avogadro.

- Quantité de matière n d'un échantillon de masse m :

$$n = \frac{m}{M}$$

n : quantité de matière, en mol
m : masse de l'échantillon, en g
M : masse molaire, en $g \cdot mol^{-1}$

- Quantité de matière d'un liquide de masse volumique ρ :

$$n = \frac{\rho V}{M}$$

ρ : masse volumique du liquide, en $g \cdot cm^{-3}$
V : volume de l'échantillon, en cm^3
M : masse molaire, en $g \cdot mol^{-1}$

- Quantité de matière d'un gaz de volume V :

$$n = \frac{V}{V_m}$$

V : volume de gaz, en L
V_m : volume molaire des gaz, en $L \cdot mol^{-1}$
A $P = 10^5$ Pa, $\theta = 20$ °C, $V_m = 24\ L \cdot mol^{-1}$

Concentration d'une espèce en solution

- Concentration massique :

$$C_{(A)} = \frac{m_{(A)}}{V_{sol}}$$

$C_{(A)}$: concentration massique, en $g \cdot L^{-1}$
$m_{(A)}$: masse dissoute, en g
V_{sol} : volume de la solution, en L

- Concentration molaire :

$$C_{(A)} = \frac{n_{(A)}}{V_{sol}}$$

$C_{(A)}$: concentration molaire, en $mol \cdot L^{-1}$
$n_{(A)}$: quantité de matière, en mol
V_{sol} : volume de la solution, en L

Transformation d'un système chimique

Une transformation chimique est une évolution du système qui passe d'un état initial (EI) à un état final (EF) différent :

EI (p_i, T_i)
Espèces chimiques initialement présentes

—— Transformation chimique ——→

EF (p_f, T_f)
- Espèces chimiques nouvelles : produits
- Espèces restantes éventuellement

Au cours des transformations, les éléments chimiques se conservent.
Modélisation :

RÉACTIFS ⟶ PRODUITS

Valeurs numériques utiles

Constantes fondamentales

Quantité	Symbole et valeur approchée
Vitesse de la lumière dans le vide	$c = 3{,}00 \times 10^{8}\ \mathrm{m \cdot s^{-1}}$
Constante d'Avogadro	$N_A = 6{,}02 \times 10^{23}\ \mathrm{mol^{-1}}$
Constante gravitationnelle	$G = 6{,}67 \times 10^{-11}\ \mathrm{N \cdot m^{2} \cdot kg^{-2}}$
Constante du gaz parfait	$R = 8{,}31\ \mathrm{Pa \cdot m^{3} \cdot mol^{-1} \cdot K^{-1}}$
Charge électrique élémentaire	$e = 1{,}60 \times 10^{-19}\ \mathrm{C}$

Autres valeurs

Quantité	Symbole et valeur approchée
Masse de l'électron	$m_e = 9{,}109 \times 10^{-31}\ \mathrm{kg}$
Masse du proton	$m_p = 1{,}673 \times 10^{-27}\ \mathrm{kg}$
Masse du neutron	$m_n = 1{,}675 \times 10^{-27}\ \mathrm{kg}$
Pression atmosphérique normale	$p_{\mathrm{atm}} = 1{,}013 \times 10^{5}\ \mathrm{Pa}$
Conditions normales de température et de pression **(CNPT)**	$\theta = 0\ °\mathrm{C}$ $T = 273{,}15\ \mathrm{K}$ $p = p_{\mathrm{atm}} = 1{,}013 \times 10^{5}\ \mathrm{Pa}$
Température de fusion de la glace dans les CNPT	$\theta_{\mathrm{fusion}} = 0\ °\mathrm{C}$ $T_{\mathrm{fusion}} = 273{,}15\ \mathrm{K}$
Température d'ébulliton de l'eau dans les CNPT	$\theta_{\mathrm{ébullition}} = 100\ °\mathrm{C}$ $T_{\mathrm{ébullition}} = 373{,}15\ \mathrm{K}$
Célérité du son dans l'air dans les CNPT	$v = 331\ \mathrm{m \cdot s^{-1}}$
Volume molaire du gaz parfait dans les CNPT	$V_m = 22{,}4\ \mathrm{L \cdot mol^{-1}}$
Volume molaire du gaz parfait dans les conditions usuelles ($p = 1{,}0 \times 10^{5}$ Pa et $\theta = 20$ °C)	$V_m = 24\ \mathrm{L \cdot mol^{-1}}$

Exploration de l'espace

L'Univers, de l'infiniment petit à l'infiniment grand

remplissage de l'espace par la matière est **lacunaire** : la plus grande ce est occupée par le vide !

Propagation de la lumière

ns un milieu homogène et transparent, la lumière se propage en ne droite : les rayons lumineux sont rectilignes.

vitesse de la lumière dans le vide et dans l'air est égale à) 000 km/s.

la note $c = 3{,}00 \times 10^8$ m/s.

L'année de lumière

nnée de lumière, symbole a.l., est la distance parcourue par la nière, dans le vide, en un an : 1 a.l. $= 9{,}46 \times 10^{15}$ m.

Décomposition de la lumière blanche

lumière blanche est composée d'une infinité de couleurs, elle est ychromatique. Chaque couleur est associée à une radiation caracisée par une longueur d'onde notée λ et exprimée en nm.

spectre de la lumière blanche s'étend du violet ($\lambda_v = 400$ nm) au ge ($\lambda_r = 800$ nm).

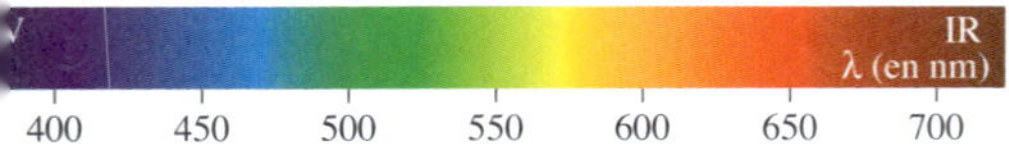

Spectres

pectre d'émission : la lumière émise par un corps chaud a un ctre continu, il contient une infinité de couleurs.

lumière émise par un gaz a un spectre de raies.

pectre d'absorption : le spectre de la lumière qui a traversé une ution colorée présente des bandes d'absorption.

spectre de la lumière qui a traversé un gaz possède des raies d'abption.

pectre d'une étoile : c'est un spectre d'émission dont le fond ntinu comporte des raies d'absorption, il renseigne sur la tempérae et la composition de l'étoile.

Grandeurs et unités

Grandeurs fondamentales et unités légales

Grandeur et notation	Unité légale et symbole		Autres unités ou multiples et sous-multiples
longueur l	mètre	m	1 UA = $1{,}50 \times 10^{11}$ m 1 a.l. = $9{,}46 \times 10^{15}$ m
masse m	kilogramme	kg	1 t = 1 000 kg 1 g = 10^{-3} kg
temps t	seconde	s	1 min = 60 s 1 h = 3 600 s
intensité du courant i	ampère	A	1 mA = 10^{-3} A
température T	kelvin	K	°C = Kelvin – 273,15
quantité de matière n	mole	mol	1 mmol = 10^{-3} mol

Autres grandeurs et unités dérivées

Grandeur et notation	Unité légale et symbole		Autres
aire S	mètre carré	m^2	
volume V	mètre cube	m^3	1 L = 10^{-3} m^3 1 mL = 1 cm^3 = 10^{-6} m^3
angle α	radian	rad	$1° = \frac{\pi}{180}$ rad
masse volumique ρ	kilogramme par mètre cube	$kg \cdot m^{-3}$	1 $g \cdot cm^{-3}$ = 1 000 $kg \cdot m^{-3}$
masse molaire M	kilogramme par mole	$kg \cdot mol^{-1}$	1 $g \cdot mol^{-1}$ = 10^{-3} $kg \cdot mol^{-1}$
concentration molaire C	mole par mètre cube	$mol \cdot m^{-3}$	1 $mol \cdot L^{-1}$ = 1 000 $mol \cdot m^{-3}$
longueur d'onde λ	mètre	m	1 nm = 10^{-9} m
vitesse v	mètre par seconde	$m \cdot s^{-1}$	1 $m \cdot s^{-1}$ = 3,6 $km \cdot h^{-1}$
force F	newton	N	
période T	seconde	s	
fréquence f	hertz	Hz	
pression P	pascal	Pa	1 bar = 10^5 Pa

L'Univers en mouvement et le temps

Référentiel

Tout mouvement est relatif, il nécessite le choix d'un solide de référence appelé référentiel.

Étude d'un mouvement : trajectoire et vitesse

La description du mouvement d'un objet est réalisée en précisant sa trajectoire et l'évolution de sa vitesse.
La vitesse est le quotient de la distance parcourue d par la durée du parcours Δt :

$$v = \frac{d}{\Delta t}$$

v est en $m \cdot s^{-1}$ (en $km \cdot h^{-1}$).
d est en m (en km).
Δt en s (en h).

Force et principe d'inertie

Lorsque deux systèmes sont en interaction, ils exercent l'un sur l'autre des actions mécaniques modélisées par des forces.
Les forces qui s'appliquent sur un système peuvent modifier son mouvement, sauf si elles se compensent.
« Tout corps persévère dans son état de repos ou de mouvement rectiligne et uniforme si les forces qui s'exercent sur lui se compensent. »

Loi de la gravitation universelle

Deux corps A et B exerçent l'un sur l'autre des forces attractives :

$$F_{A/B} = F_{B/A} = F$$
$$F = \frac{G\, m_A m_B}{d^2}$$

F : intensité de la force de gravitation, en N
m_A et m_B : masses des corps, en kg
d : la distance entre A et B, en m
G : constante de gravitation universelle, $G = 6{,}67 \times 10^{-11}\ N \cdot m^2 \cdot kg^{-2}$

Le poids

Au voisinage de la Terre, tout objet de masse m est soumis à une action mécanique modélisée par une force appelée « poids » et notée $\vec{P}$.

$$P = m \times g$$

P est en N, m en kg et g en $N \cdot kg^{-1}$.
g est l'intensité de la pesanteur.

Période et fréquence

La période d'un phénomène est notée T et se mesure en seconde (s).
Sa fréquence est notée f et se mesure en Hertz (Hz).

$$f = \frac{1}{T} \quad \text{et} \quad T = \frac{1}{f}.$$

L'air qui nous entoure

La pression

$$P = \frac{F}{S}$$

P est la pression, en pascal, symbole Pa.
F est la force pressante, en N.
S est la surface sur laquelle elle s'applique, en m^2.

Température

L'agitation microscopique est mesurée par la température exprimée en Kelvin (T) ou en degrés Celcius (θ) :

$$\theta(°C) = T(K) - 273 \quad \text{ou} \quad T(K) = \theta(°C) + 273$$

Loi de Boyle-Mariotte

Pour une même quantité de gaz, et à température constante, le produit de sa pression P par son volume V est constant.

$$P \times V = k$$
k = constante

Si le volume est divisé par deux, alors la pression est multipliée par deux.

Modèle du gaz parfait

Dans les conditions habituelles de pression et de température, tous les gaz ont pratiquement le même comportement : celui d'un gaz parfait.

Équation d'état du gaz parfait

$$P \times V = n \times R \times T$$

P est la pression en pascals : Pa.
V est le volume en mètre cube : m^3.
n est la quantité de matière en moles : mol.
T est la température en kelvin : K.
R est la constante des gaz parfaits :
$R = 8{,}31\ Pa \cdot m^3 \cdot K^{-1} \cdot mol^{-1}$.

Loi d'Avogadro-Ampère

Dans les mêmes conditions de pression et de température, des volumes égaux de différents gaz contiennent le même nombre de molécules.

Tous les gaz ont le même volume molaire.

Dans les conditions normales, $P = 1{,}013 \times 10^5$ Pa, $T = 273{,}15$ K : le volume molaire est $V_m = 22{,}4\ L \cdot mol^{-1}$.

Imprimé en France par I.M.E. - 25110 Baume-les-Dames
Dépôt légal n° 83373 - Septembre 2007

Puissances de 10, ordre de grandeur

Notation scientifique

Les valeurs numériques des nombres utilisés de l'échelle atomique à l'échelle cosmique obligent l'utilisation des puissances de 10.

En notation scientifique, un nombre s'exprime sous la forme :

$$\mathbf{a \times 10^n},$$

avec $1 \leqslant a < 10$ et n nombre entier.

Exemples : $100\,000 = 10^5$; $5\,270 = 5{,}27 \times 10^3$; $0{,}01 = 10^{-2}$; $0{,}000\,268 = 2{,}68 \times 10^{-4}$.

Préfixes et puissances de 10

Valeur	Préfixe	Symbole	Longueur	Valeur
10^9	giga	G	gigamètre	1 Gm = 1 000 000 000 m = 10^9m
10^6	méga	M	mégamètre	1 Mm = 1 000 000 m = 10^6 m
10^3	kilo	k	kilomètre	1 km = 1 000 m = 10^3 m
10^2	hecto	h	hectomètre	1 hm = 100 m = 10^2 m
10^1	déca	da	décamètre	1 dam = 10 m = 10^1 m
1			mètre	1 m = 10^0 m
10^{-1}	déci	d	décimètre	1 dm = 0,1 m = 10^{-1} m
10^{-2}	centi	c	centimètre	1 cm = 0,01 m = 10^{-2} m
10^{-3}	milli	m	millimètre	1 mm = 0,001 m = 10^{-3} m
10^{-6}	micro	µ	micromètre	1 µm = 0,000 001 m = 10^{-6} m
10^{-9}	nano	n	nanomètre	1 nm = 0,000 000 001 m = 10^{-9}m

Calcul avec les puissances de 10

- **Multiplication**

$$(a \times 10^n) \times (b \times 10^m) = a \times b \times 10^{n+m}.$$

Exemples : $1{,}5 \times 10^2 \times 2 \times 10^3 = 1{,}5 \times 2 \times 10^{2+3} = 3 \times 10^5$.

$7 \times 10^4 \times 3 \times 10^{-8} = 7 \times 3 \times 10^{4-8} = 21 \times 10^{-4} = 2{,}1 \times 10^{-3}$.

- **Division**

$$\frac{(a \times 10^n)}{(b \times 10^m)} = \frac{a}{b} \times 10^{n-m}.$$

Exemple : $\dfrac{4{,}28 \times 10^7}{2 \times 10^3} = \left(\dfrac{4{,}28}{2}\right) \times 10^{7-3} = 2{,}14 \times 10^4$.